送配電工学
（改訂版）

工学博士	小 山 茂 夫	
博士（工学）	木 方 靖 二	
博士（工学）	鈴 木 勝 行	
博士（工学）	塩 野 光 弘	

共 著

コロナ社

ま　え　が　き

　本書は，大学の工学系において電気工学を学ぶ学生のための，送配電工学の講義用教科書として執筆したものである。

　電力は，現在の社会活動を支える主要な基盤的要素であり，供給の中断が社会に与える影響は大きく，一時的といえども避けなければならない。そのため，供給においては高い信頼性が要求されている。送配電系統は，電力システムにおいて発電から変電を経て電力の利用段階までを結ぶ流通機構であり，その存在によりはじめて電力系統をシステムとして成り立たせるもので，系統内の変動や擾乱に対応して，つねに電力の流通を健全に保つ使命を担っている。

　最近の発電所は，大都市圏からの遠隔地に大規模に建設される傾向があり，そのための長距離大電力送電線路は故障やそれに伴う送電停止の危険にさらされるため，そのような事態を避けるような対策がますます重要になっている。

　一方，わが国の電力系統におけるネックであった 50 Hz および 60 Hz からなる東西二通りの周波数の地域間と，北海道・本州間は，それぞれ直流系統により結ばれるに及んで，北海道・本州・四国・九州の電力系統は，相互に電力融通が可能な広域的系統に発展している。さらに，長距離大電力輸送のため，100 万 V 送電線路も建設され，間もなく実用されようとしている。また，半導体素子の発展とともに，交流系統内にそれらを利用した直流連系装置や無効電力供給装置などを導入して制御性能を向上させたり，分散形電源として太陽光発電や風力発電，燃料電池発電などの導入や連系も促進されている。送配電系統は，このように技術的にも高度化し，形態も多様化しつつある。

　本書は，このような送配電系統を工学的に理解するとともに今後の発展に携わろうとする学生の勉学に役立つことを意図したものである。執筆にあたっては，基礎的な事項を定量的に把握するための計算方法や，装置や特性の現象的な理解のための説明を心がけた。そのため，複雑な回路網からなる送配電系統の特性や故障などの基本的な計算方法に多くの紙面を割いている。また送配電特性には，電線路だけではなく，それに接続する装置も深く関係しており，必要に応じてそれらについても述べている。最近の新しい技術や動向についても

できるだけ取り入れるように心がけたが，紙面の都合で割愛せざるをえないものも多かった。

　計算方法などの理解のために取り入れた例題あるいは演習問題としては，本書のために作成したものと，電気主任技術者の資格試験の問題から引用したものがある。本書を利用した学生や技術者が，送配電の分野において大いに活躍されることを期待している。

　執筆にあたっては，第Ⅰ編の1〜5章，8章後半，11章を小山が，第Ⅰ編6〜7章，8章前半，10章を鈴木が，第Ⅰ編9章と第Ⅱ編を木方が担当した。

　最後に，著者らが勤務する日本大学においてつね日頃ご協力をいただいている塩野光弘氏と東京都立工業高等専門学校の進藤康人氏，資料の提供をいただいた東京電力(株)の原口芳徳氏および近藤宏二氏に深く感謝いたします。

　また，本書を刊行するにあたり，多大なご支援とご協力を賜った(株)コロナ社の関係各位に対し深く感謝いたします。

　　1999 年 5 月

著者一同

改訂にあたって

　本書は初版の発行から 20 年が経過し，その間に送配電技術の進歩に加え，電力自由化に伴う産業構造の変化により電力の安定供給にも影響を及ぼしている。特に，2011 年東日本大震災による原子力発電所事故を境に，電力の需給状況や技術動向は大きく変化している。それに伴い，新しい送配電技術や運用方法について引用しつつ，また，教科書として採用していただいた方々のご意見をもとに改訂版を出版することにした。改訂版においては，内容の大幅な変更は避け，社会情勢に応じて内容の追加，訂正，記述事項の移動など塩野が再編を行った。スマートグリッドや電力広域的運営推進機関の発足など情報化社会の進歩による取組みが拡大している中でも，電気工学を学ぶ学生にとっては送配電工学の基礎をしっかり学んでほしいものである。

　　2019 年 11 月

著者一同

目　　次

5 送 電 特 性

6 電力系統の安定度

7 故障計算と中性点接地方式

8 異　常　電　圧

9 電力系統の保護

10 誘導障害とコロナ

11 直 流 送 電

II 編──配電系統

12　配電系統の構成

13　配電線の電気的特性

14 配 電 計 画

15 配電線路の機械的設計

16 屋 内 配 線

I編

送電系統

1　総　　　　論

　電力は，各種のエネルギー媒体の中で着実に重要性を増している。本章では，発電・送配電からなる電力系統の最近の動向と，送配電工学の学問的な位置付けについて述べる。

（1）　エネルギーと電力　　エネルギーは，衣食住とともに人間社会の基礎となるものである。

　わが国においても，人口の増加と経済活動の進展とともに急速に増大してきたエネルギー消費量も，1973年のオイルショックを契機に，産業構造の省エネルギー化，高効率技術の導入などにより抑えられ，経済活動の伸びを少ないエネルギー消費で達成するように変わってきた。しかし，その中で電力の需要

タイトル写真：500 kV 送電線路と落雷の遮へい〔東京電力(株)提供〕

は，産業における省力化や機械化，民生部門における OA 化や空調の普及などのため，着実に増大しつつある。

　一方，エネルギー源としての化石燃料は，資源量に限りがあることや環境的制約のため，今後，大幅な増大は期待できず，他のエネルギー源への移行が必要とされている。化石燃料が発電や直接的利用のいずれの用途にも応じることができるのに比べ，原子力や自然エネルギーは，いったん電力のような形態に変換しなければ利用困難であり，そのため，エネルギーの供給面から見ても，今後，電力の割合がいっそう高まり，その役割や重要性が増すものと考えられている。

　種々のエネルギーの中で電力がほかと際立って異なる点は，ほとんどの場合，発生と消費が同時に行われるため，電力系統全体の発生量と消費量の総量が瞬時的にもつねにバランスが保たれていなければならないことで，発電所などの装置は，バランスを維持するように速応性をもった高度の制御のもとで運転されている。

　交流方式の電力系統では，系統内のすべての同期発電機は電気的に同一速度で運転して相互に作用し合っており，系統内で起こる擾乱は，多かれ少なかれ全系統に影響を及ぼす。もし系統内の電力需給のバランスが崩れると，系統が動揺し，発電機の脱落，一部または広域の停電にも至ることがある。

　送配電は，電力系統にあって，発電所で発生した電力を消費者に送る流通機構であるとともに，広域運用における電気事業者間の電力融通を行うなど，電力系統を有機的なシステムとして維持する役割を担っている。

　（2）　**超高圧化・長距離化**　　発電所の敷地難，環境問題への関心の高まりなどにより，発電所の立地は大都市圏ではますます困難になり，電力発生地点と高密度需要地点とは，遠隔化している。特に，最近の電源開発において大きな割合を占めている原子力発電所は，遠隔地点に集中的に建設される傾向があり，大電力の長距離輸送が必要となるケースが増加している。このような場合，送電系統がつねに発生電力を安定的に輸送できる信頼度を維持することは，電力系統全体の健全な運用にも必要である。

（**3**）　**架空送電と地中送電**　　欧米の多くの国では，農山村地帯や郊外では架空送配電線路を見かけるが，都市内ではほとんどが地中送配電によっている。わが国でも都市が過密化し高層化するにつれ，送配電の地中化が推進されつつあるが，建設費が高くなるため，必要度と経済性のバランスを考慮しつつ，ほかの地中利用計画との協調を図りながら進められている。しかし，全体としては架空送電線は圧倒的に多い。

郊外や農山村地帯では，地中送配電にも建設費や充電電流などの問題があるため，特別な理由がない限りは，架空送配電が主として採用され続けることになると考えられる。

（**4**）　**電力系統の最近の動向**　　従来の電力系統では，電力は，発電所において集中的に発電されて需要家に供給される，一方向的な流れであった。2009 年から，太陽光発電や風力発電などの再生可能エネルギーで発電した電気（分散型電源）を系統に接続して，電気事業者が一定価格で一定期間買い取ることを国が約束する固定価格買収制度（FIT）が導入されるようになるとともに，電気事業以外の企業で発電した電力を電気事業の電力系統に供給することを可能とする電力自由化が拡大している。時期を同じくして，発電所，送電網，需要家を光ファイバーなどのネットワークで結び，最新の電力技術と IT 技術を駆使してスマートグリッドを構築し，効率よく電気を供給する取組みが始まった。

また，東日本大震災とその後の電力需給の逼迫を経験してから，緊急時の需給調整機能を強化するため，電力広域的運営推進機関が発足し，電源の広域的な活用に必要な送配電網の整備を進める取組みも始まっている。

（**5**）　**学 問 的 観 点**　　送配電工学は，学問的に見ると電磁気学，回路理論，電気機器理論，エネルギー変換理論などの電気工学における基礎的学問が，送配電分野でどのように応用されているかを知るうえで興味深いものがある。さらに，電力系統を構成する機器は，送配電系統の導入により初めてダイナミックで巨大なシステムとなるものであり，そのようなシステムにどのように取り組むべきかを学ぶことは，ほかの大規模システムの検討のためにも貴重な経験となる。

2 送電方式と送電系統構成

　本章では，電力流通の骨格である送電系統の方式と系統の基本的な構成と現状，最近の動向などについて述べる。

（1）　交流方式と直流方式　　1880 年代，世界で初めて電気事業が起こった欧米や，それに続いたわが国においても，初期の送配電は直流方式であった。これは，営業的に利用可能な発電機として最初に登場したのが直流発電機であったことによる。しかし，直流機は高電圧化が困難であるため，直流方式の送電では，送電電力の増大は大電流化によらねばならず，電圧降下や損失の増加を伴うために，長距離送電はほとんど不可能であった。

　そのため，発電は需要地の近くで行わねばならず，当時照明需要の多かった都市中心部では火力，山地近くの工場用には水力を用いた直流による発送配電が端緒となった。

　その後，高電圧化の容易な交流機や変圧器が発達するとともに，大規模な発送配電には交流方式が採用されるようになり，交流が電力系統の主流を占めるようになった。

　わが国の電気事業の初めは，明治 20 (1887) 年の東京電燈会社により 25 kW の直流発電機による直流配電から開始し，その後各地に直流方式を採用した電気事業会社が起こった。大阪電燈会社が明治 23 (1890) 年に交流を採用するに及んで交流の利点が認識され，その後は交流方式が導入されるようになった。

　明治 40 (1907) 年の，山梨県桂川の駒橋水力発電所から東京への交流 55 kV による 15 000 kW の 80 km 送電，大正 4 (1915) 年の福島県猪苗代第一

発電所から東京への交流 115 kV による 37 500 kW の 230 km 送電の実現が，需要地から遠い水力発電の開発と長距離送電を促進する契機となり，交流電力系統が拡大していった。

　交流の最大の利点は，電圧の変成が容易なことであり，長距離送電段階の電圧を変圧器により高圧化して電力損失を抑え，使用段階では用途に適した電圧に容易に変えることができることである。

　交流方式における周波数としては，世界的には 50 Hz および 60 Hz が主流をなしている。わが国では，ドイツから初期の技術導入をした東日本が 50 Hz，米国からの西日本が 60 Hz を中心にして両者が混在して発展した。途中統一化が図られたが，東日本が 50 Hz に，西日本が 60 Hz に地域別には統一されたが，全国的な統一には至らず，現在に及んでいる。

　最近の半導体素子やその利用法の進歩に伴い，交流と直流の変換が高い信頼度で行えるようになり，交流系統の中に直流部分を含む交直連系の系統構成も実施され，交流のみの系統よりも優れた特性をもたせることが可能になっている。黎明期の直流送電と異なるのは，現在の直流送電は交流系統内に部分的に存在し，電圧も高いことである。

　（2）　三相交流方式　　交流方式のうちでは，動力用を除く多くの電力の最終利用は単相方式で行われているが，発電，送電，大口配電・利用のほとんどは，三相によっている。これは，同期発電機，同期電動機，誘導電動機などは回転磁界を利用しており三相方式が適していること，平衡時の送電電力の瞬時値が脈動することなく一定であること，損失率，対地電圧，力率を一定とした場合に，電線 1 条当たりの送電電力が，単相 2 線式や四相以上の対称多相多線式などに比べて大きいなどの理由による。

　（3）　系　統　構　成　　電力の流通機構は，発電所で発生した電力を変圧器により昇圧し，輸送（送電）し，降圧した後，需要家に配送（配電）するまでの過程からなるが，その間には，発電所，変電所，開閉所，送電線路，配電線路などを含む。それらのうちおもなものの定義はつぎのようである。

　電気事業法によれば，『「**変電所**」とは，電気を変成するために設置する変圧

器その他の電気工作物の総合体を指し，「**送電線路**」とは，発電所相互間，変電所相互間又は発電所と変電所との間の電線路及びこれに付属する開閉所その他の電気工作物を指し，「**配電線路**」とは，発電所，変電所若しくは送電線路と需要設備の間又は需要設備相互間の電線路及びこれに付属する開閉所その他の電気工作物をいう』と規定されている。

　このように，送電線路と配電線路は，電圧階級や容量ではなく電力系統内の役割で規定されており，配電線路が需要施設に直接供給するのに比べ，送電線路は需要施設以外に接続されて，それらの間の電力輸送の役割を担っていることがおもな相違点である。

　図2.1は，電力系統の概念図と構成要素の位置付けを示している。

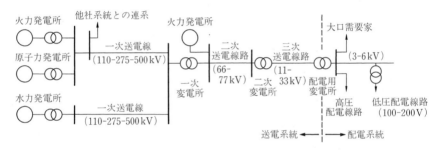

図2.1　送配電系統概略図

（4）　発電所の大容量化と遠隔化　　**図2.2**にわが国の種類別の総発電電力量の推移を示す。電力供給は経済成長を支える重要な要素であり，高度成長時代に特に大きく伸びている。また，水力は戦後重要な役割を果たしてきたが，主役の座は1960年代に火力に移り，1990年以降は原子力の比率も多くなった。しかし，東日本大震災以降，原子力発電所の運転が厳しく制限されたため，その後の原子力の代替えを火力が担っている状況である。

　さらに，種類別の発電機単基容量の最大値の推移を**図2.3**に示す。これらのうち，1基当たりの最大容量は，原子力では136万kW，火力では100万kW，揚水では48kWに達しており，石炭火力では120万kW級の大容量技術が確立されている。

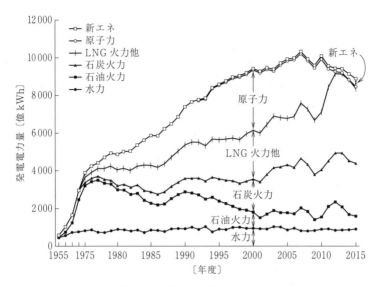

図 2.2　わが国の種類別の発電所発電電力量の推移（積み上げ表示）
（出展：電気事業連合会調べ）

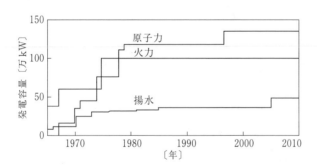

図 2.3　わが国の種類別の発電機単基容量の最大値の推移

　一方，原子力発電所の新設には周辺住民の同意が重要な必要条件であるが，近年かなり困難になり，負荷地帯から遠隔化するとともに，計画立案・建設から運転開始までの期間，いわゆるリードタイムが長くなっている。

　そのため，大容量長距離送電が必要となり，それに対する手段として高電圧化が図られ，1回線および1ルート当たりの容量が増大している。また，大容量発電地域への依存度が高まると，その脱落は，システム全体に及ぼす影響が

大きくなるので，1回線故障や1ルートの全回線故障の際にも，そのような比重の大きな発電源が脱落することのないように，2ルート以上の送電によることも必要となっている。

（5）　**わが国の電力系統の構成**　　わが国の電力系統のおもな幹線網は**図2.4**のようになっている。500 kV および 275 kV の交流線路により幹線網を構成するとともに，1 000 kV 設計の送電線路も導入され（現在 500 kV 運転中である）ている。東日本と西日本の間は交直変換装置を用いた周波数変換所により連系し，北海道と本州の間は直流海底ケーブルにより結び，沖縄や離島などを除いて一つの電力系統として広域的な運用を行っている。

　このようにすることにより，電力会社間の電力の過不足を相互融通により調

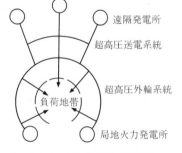

（注）　送電線路が込み入っている地域については，簡潔化のため省略している線路がある。

図 2.4　わが国の電力系統の幹線網　　　　**図 2.5**　電力系統構成概略図

整したり，予備力（なんらかの原因で不足した発電機出力を補うための予備）を提供し合って節約し，経済性を改善するとともに供給信頼度の向上を図っている。さらに，交流系統内の環状部分における電力潮流の制御を容易にするため，交流系統内に直流区間を含める系統構成の改造が進んでいる。以上の取組みは，2011年東日本大震災後に起きた電力需給の逼迫を経験してから，2015年に発足した電力広域的運営推進機関（OCCTO）に引き継がれ，電力を安定に供給するために送配電網の整備を実施し，全国規模で平常時や緊急時に需給の調整機能を強化している。

　一方，わが国の首都圏，近畿圏，中京圏などのおもな電力会社の系統構成は，供給力を中間で都市圏を取り囲む環状の線路でまとめ（これをパワープールと呼ぶ），そこから各負荷地域に供給する方式がとられている（**図2.5**）。

（6）　送電系統の高電圧化　　送電電圧が高圧化しているのには，いくつかの理由がある。大電力を送るにあたり，電流を大きくするよりも高圧化したほうが損失を少なくでき，損失に伴うコストを軽減できることにもよるが，系統の安定度を向上でき，送電電力の大容量化を可能にすることが大きな理由である。

　送電系統を通じて送ることができる最大電力については，送電距離や前提条件などにより数通りの計算法がある。比較的短距離の系統の場合には

$$\frac{(送電端電圧) \times (受電端電圧)}{(線路リアクタンス)}$$

により表される。

　長距離の場合は，線路の特性インピーダンス Z_s と同じインピーダンスをもった負荷が受電端につながれた場合に取り出される最大電力（**固有負荷**と呼ばれる）を示す

$$\frac{(受電端電圧)^2}{Z_s}$$

を用いて表すことができるが，いずれも電圧を高くすると，送電可能電力は電圧のほぼ二乗に比例して大きくなり，大電力の送電のためには高電圧化が有効

であることがわかる。

しかし，高電圧化により線路損失とそれに相当するコストが減るが，鉄塔などの建設コストが急増し，**図2.6**のように総コストから見て経済的な電圧がある。

図2.7は，そのような背景のもとで行われてきた世界およびわが国の高電圧

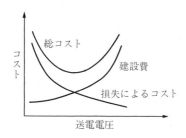

図 2.6　送電電圧と総コスト

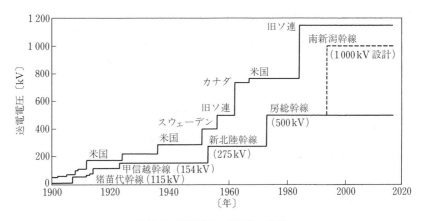

図 2.7　送電電圧の高圧化の推移

表 2.1　わが国の公称電圧と最高電圧（JEC-0222-2009）

公称電圧　〔V〕	100	200	100/200	230	400	230/400	3 300	6 600	11 000
最高電圧	—	—	—	—	—	—	3 450	6 900	11 500

公称電圧　〔kV〕	22	33	(66, 77)	110	(154, 187)	(220, 275)	500	1 000
最高電圧	23	34.5	(69, 80.5)	115	(161, 195.5)	(230, 287.5)	525/550/600	1 100

（かっこ内の電圧は，1地域ではいずれかが選ばれる。500 kV 系統の最高電圧は3種類のうちいずれか1種類が選ばれる。）

化の推移を示している。

　わが国の送配電における電圧階級は，電気規格調査会（JEC）標準規格として，**表 2.1**のように規定されている。

　公称電圧は，送電線の場所および時間などにより変動する電圧に対する代表的な呼び名であり，最高電圧は，通常の運転状態において起こる最高の電圧である。いずれも線間電圧で表される。

　わが国では，1973 年に 500 kV の送電が開始された。1 000 kV 設計の送電線は完成しており，現在 500 kV で運転中である。

　送電における慣例として，187 kV 以上 500 kV までを超高圧あるいは **EHV**（extra high voltage）と呼び，1 000 kV 級を超々高圧あるいは **UHV**（ultrahigh voltage）と呼んでいる。

||||||||||||||||||||||||||||||||| 演 習 問 題 |||||||||||||||||||||||||||||||||

【1】　電力系統においてほとんどが交流式である理由を述べよ。
【2】　交流送配電システムおいて三相 3 線式が多く用いられるのはなぜか。
【3】　送電電圧の高電圧化の目的を述べよ。
【4】　つぎの文章は送配電の歴史的変遷を述べている。つぎの文章の（a）〜（h）に適当な言葉を入れよ。

　　世界でも，わが国でも，送配電は，初めは主として（a）方式で行われていたが，（b）を高くすることが難しく，（c）が多くて送配電効率が低かったため，（d）距離に限られていた。その後，発変電機器の開発や改善とともに，（e）方式が発達し，（f）距離送電が可能になり，現在ではほとんどの先進国で，（g）方式が採用されているが，安定度や電力潮流制御などの問題の解決が容易な（h）区間を，系統内に部分的に導入することも行われている。

3 送電線路の構成要素

本章では，送電線路を構成する電線，ケーブルなどの導体と鉄搭，がいしなどの支持物や絶縁物について具体的に述べる。

3.1 送電系統の構成

送電線路は，雷撃，強風，降雪，塩害，地震，日射，高温や寒冷などの過酷な自然環境にさらされている。電力の供給信頼度は，送電線路に大きく依存しており，これらの自然環境や運用上の条件にも耐えて，健全な運転状態を維持する必要がある。そのため，送電線路の構造物については，故障の発生を防ぐためにいろいろな配慮がされている。

送電系統の構成要素の概要は図3.1のようであり，発電機は昇圧変圧器を通じて母線に接続され，断路器，遮断器，送電線路，降圧変圧器を経て，二次送電線あるいは配電線路につながっている。

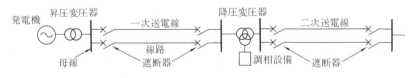

図3.1 送電系統の構成

発電段階の電圧は20 kV程度であり，送電段階では第2章の図2.7のように275kVあるいは500kVと高く，連系，配電および利用段階では，それぞれに応じた電圧に変成されている。

　昇圧変圧器あるいは降圧変圧器は，2巻線式の場合には高圧側を Y とする Y-Δ 結線，3巻線式の場合には Δ を三次とする Y-Y-Δ 結線が用いられることが多い。高圧側の Y 結線の中性点は，故障検出を確実にしたり，異常電圧の上昇を抑えるため，直接接地している。

　Δ 結線は，変圧器に生じる三次の高調波起電力を短絡することにより系統への流出を防ぐ役目がある。三次巻線には調相設備を接続し，無効電力の調整をするとともに，高調波を吸収するフィルタの役目をもたせることが多い。

3.2　送電線路の構成

　（1）概　　要　　送電線路を構成するおもな構造物は，架空送電線路の場合には送電線とそれを支える鉄塔（電線を支持することを目的とする工作物は支持物と呼ばれ，鉄塔は主要な支持物である）であり，大都市高密度負荷地域への引き入れなどの場合には地中送電ケーブル線路である。

　架空送電線路は，送電電力の増大を可能にするための電圧の高圧化に伴い，山岳地帯や田園地帯に新たに建設される鉄塔は高いものが多くなっている。

　わが国では，通常，四角鉄塔と呼ばれる鉄塔（4本の塔脚が正方形に配置されている）の両側に，それぞれ三相分の3線を1回線として配置した計2回線の送電線と，直撃雷を防ぐために送電線を覆うように上側に架空地線を敷設した構造が基本となっている。標準的な 500 kV の鉄塔と 1 000 kV 設計の鉄塔の概念図は**図 3.2** のようである。

　大都市圏では，中心部への大電力の送電のため，高電圧地中送電ケーブルの導入が進められており，すでに 275 kV 送電は実施され，500 kV 送電の導入も建設が始まっている。

　（2）電　　線　　架空送電用の電線としては，高い導電性と強度が要求される。

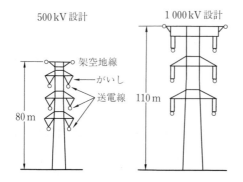

図 3.2 送電線路用鉄塔の概念図

電線（架空地線と区別するときは電力線と呼ぶ）としては，最近はほとんど
で**鋼心アルミより線**（**ACSR,** alminum conductor steel reinforced）の裸線
が用いられている。また，アルミニウムにジルコニアを混ぜた合金を用いた**鋼
心耐熱アルミ合金より線**（**TACSR**）は，ACSR より高温度まで抗張力を維持
できるので，連続許容使用温度は ACSR の 90 ℃に対して 150 ℃で，許容電流
密度を高くすることができ，大容量送電線で用いられている。

電線に求められる高い導電性，引張強さ，軽量性などの条件の面から**表 3.1**
の導体の特性を用いて，鋼心アルミより線の特性を考察するとつぎのようである。

表 3.1 導体材料の特性

	導電率	引張強さ	比　重
Cu（銅）	1.00	1.00	1.00
Al（アルミニウム）	0.61	0.40	0.30
Ag（銀）	1.06	0.75	1.18
Fe（鉄）	0.17	1.25	0.89
鋼　　線	0.12	2.60	0.89

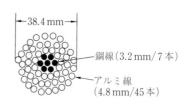

図 3.3 鋼心アルミより線の構造
（500 kV・4 導体用）

硬銅線と同じ抵抗値をもった鋼心アルミより線（アルミニウムと鋼鉄の断面
積の比が 14.5：1 とする）は，特性を表 3.1 の導体材料の特性値を用いて概算
すると，硬銅線と比べて断面積は 1.73 倍，引張強さは 0.94 倍，重さは 0.58
倍となり，単位重量当たりの強さは 1.62 倍となる。断面積の増加により，周
囲の電界強度を下げてコロナの発生を抑える効果があるが，風圧を受けやすく
なることにも注意を要する（**図 3.3**）。

このように，より線は，軽量で抗張力も大きく，可とう性をもち，より線の素線を細くすることにより表皮効果を抑えるとともに，より線外径が大きくなるので，コロナの発生を抑えることもできる。

これらのより線を，**図3.4**のように，2，4，6，8本（それぞれは素導体と呼ばれる）を配置した多導体線（あるいは束導体とも呼ばれる）も，超高圧送電以上の架空送電には広く用いられている。

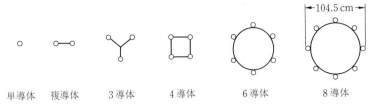

| 単導体 | 複導体 | 3導体 | 4導体 | 6導体 | 8導体 |

図3.4 電線の方式

これは，電線の等価的な直径を大きくして電線のまわりの電界強度を下げてコロナ放電を抑えるとともに，送電線のインダクタンスを低減する効果もあるので，安定度の向上にも役立つためである。

（3） が い し がいしは，電線を支持物から絶縁して保持する装置であり，わが国では絶縁体として磁器を用いている。送電線用としては，懸垂がいしと長幹がいし（**図3.5**）があるが，高電圧送電線では**懸垂がいし**が広く用いられ，所要の絶縁レベルに応じた個数だけ連結して用いられる（500kV送電線の場合，直径280 mmのものを32〜49個使用）。

表面汚損により絶縁が低下する問題に対しては，降雨で洗い流すようにしたり，裏面にひだを設け，表面漏れ距離を長くし，絶縁耐力を高くしている。海岸地帯では，台風の影響を受けて海水が飛散し，塩分が付着して絶縁強度が低下するが，がいしのひだを深くしたり（耐塩がいしと呼ぶ），標準よりも連結個数を増して対応している。

雷などに起因する高電圧によるがいし表面上の絶縁破壊や，それに続く交流アーク放電電流によりがいし表面が損傷を受けるのを防ぐため，懸垂がいしや

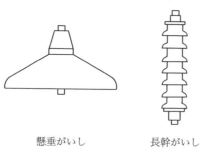

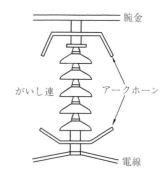

図3.5 送電線路のがいし　　　図3.6 がいし連とアークホーン

長幹がいしには**図3.6**のような**アークホーン**を設け，絶縁耐力をがいし表面よりも低くしておくことにより，アークホーンで先にフラッシオーバを起こさせて，がいしを保護している。また，角状でなくリング状にした**アークリング**と呼ばれるものは，がいし表面に沿っての静電容量の分布を均一化させ，がいしにかかる電圧分布を均等化する役割ももっている。

（4）**架 空 地 線**　　送電線への直撃雷を避けるため，鉄塔頂部に送電線に沿って上側に架空地線が張られており，鉄塔を通じて大地に接地されている。最近は，導線としてより線をまわりに配し，中心に光ファイバを通した**光ファイバ複合架空地線（OPGW）**が採用され，本来の避雷の役割のほかに通信設備としても役立てられている。

（5）**電線の振動，降雪対策**　　電線において，風や雪などの影響を受けて起こる振動は，限界を超えると断線や接触事故を起こす原因となるため，それらを防ぐためつぎのような工夫が施されている。

　電線を鉄塔に設置する際に二つのがいし連によって三角形状に電線を支持することにより，横揺れを抑えることができる。

　電線は，固有の振動数をもっており，風などの繰返し力の振動数が固有振動数と一致すると，振動が増幅して応力が電線にかかり断線に至ることもあるため，固有振動数をずらしたり，振動を減衰させるためにおもり（ダンパ）を電線に装着することがある。

また，冬季の電線の切断の原因になりやすい積雪の影響を避けるため，電線に張り付いた雪や氷が電線の周囲を回転しながら成長するのを防ぐため，適当な間隔ごとに電線のまわりに難着雪リングを設置することがある。

（6）地中送電線路　　大都市地域の送電の多くは，地中送電によっており，送電電力の増大に伴い電圧も上昇している。首都圏では 275 kV 地中送電が広く用いられており，500 kV 送電も実現している。

地中送電線路で用いられる電力線にはケーブルが用いられているが，これまで多用されてきた油浸紙を絶縁体とする OF ケーブル（油浸紙ケーブル：oil-filled cable）に代わり，最近では，損失が少なくて給油装置などが不要なため工事・保守の容易な架橋ポリエチレンを絶縁体とする CV ケーブル（cross-linked polyethlene insulated cable）の導入が進んでいる（**図 3.7**）。

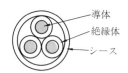

図 3.7　3 心ケーブル概略図

敷設方法には，直接埋設，管路式，共同溝方式などがある。ケーブルは，抵抗損や誘電体損などにより発熱するので，その熱を除く必要がある。

地中ケーブルは，線間および対地静電容量が大きく，そのため大きな充電電流が流れ込むので，交流方式の場合には長距離送電が困難である。

4 送電線路定数

送電線路の抵抗，インダクタンス，静電容量は，電線の材料，構造，配置などにより影響されるが，送電特性を決める主要な因子である。本章では，基本的な架空送電線および地中ケーブルの線路定数について述べる。

4.1 架空送電線路

（1）**抵抗**　より線は，素線の長さが線路長よりも長くなるため，全体としての抵抗は，素線が平行で同じ線路長の場合に比べて1〜3％程度大きくなる。

一方，断面積の大きな単線導体に交流を流すと表皮効果により直流に比べて抵抗は増加するが，導体を細い線の集合体とすることにより影響を低減できる。例えば，導体の断面積が810 mm²の場合，これを単線導体とすれば表皮効果により50 Hz交流に対する抵抗は直流の場合の約1.1倍となるが，総断面積が等しい45本の素線からなるより線の場合には，直流および交流に対する抵抗はほとんど変わらない。

また，導線の抵抗は温度上昇に比例して増加し，例えば20℃の導体が50℃上昇すると，硬銅線，硬アルミ線の抵抗はいずれも20％程度増加する。

超高圧送電線の場合，リアクタンスに比べて抵抗は小さいが，電力損失と導体の温度上昇の原因となるため，できるだけ小さいことが望ましい。

送電線の電力線間および電力線と大地の間には，静電容量とともに，コロナ，がいし表面のもれ電流などのコンダクタンスが存在するが，通常の送電特

性の計算においては，これらは無視してもさしつかえない程度である。

（2）**インダクタンス**　送電線のインダクタンスは，電流が流れたときにその電流と鎖交する単位電流当たりの磁束数として定義される。この磁束鎖交数は，その線の電流だけでなくほかの線や大地における電流の流れ方によっても影響を受け，実効的なインダクタンスも変わる（**図4.1**）。

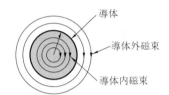

導体

導体外磁束

導体内磁束　　**図4.1**　導体内外の鎖交磁束

　例えば，3線の電流の和が零となる三相交流においては，各線と鎖交する磁束は存在するが，3線すべてと鎖交する外側の磁束は存在せず，各線との鎖交磁束数は線間隔が広いほど多い。そのため，線間隔が広いほうがインダクタンスは大きく，ケーブル線より架空送電線のほうがインダクタンスは大きい。

（**a**）**単相線路**　大地は導電率が小さく，表面の透磁率も空気並みに小さいので，大地表面電流は小さく，インダクタンスに関しては，大地の存在の影響を考えなくても誤差は少ない。

　大気中にある半径 R 〔m〕，線間距離 D 〔m〕の架空単相線路（**図4.2**）において，同一電流が往復する場合の1線分のインダクタンスは，導体内部の磁界による L_i および外部の磁界による L_o の両方に分け，導体の比透磁率を μ とし，$\mu_o = 4\pi \times 10^{-7}$ とすれば

$$L_i = \frac{\mu\mu_o}{8\pi}$$

$$L_o = \frac{\mu_o}{2\pi} \ln\frac{D}{R}$$

図4.2　単相往復導体

$$\therefore \quad L = \frac{\mu\mu_o}{8\pi} + \frac{\mu_o}{2\pi}\ln\frac{D}{R} = \left(\frac{\mu}{2} + 2\ln\frac{D}{R}\right)\times 10^{-7} \quad \text{[H/m]} \tag{4.1}$$

となる。通常用いられる銅線，アルミ線は $\mu = 1$ であるから，つぎのようになる。

$$L = \left(\frac{1}{2} + 2\ln\frac{D}{R}\right)\times 10^{-7} \quad \text{[H/m]} \tag{4.2}$$

（ｂ）　三 相 線 路　　各相が単導体線からなる三相線路（**図4.3**）に平衡電流が流れ，大地あるいは架空地線には誘導電流あるいは帰路電流が流れないとした場合の1相分のインダクタンスは，**作用インダクタンス**（working inductance）と呼ばれ，導体半径を R [m]，線間の幾何学的平均距離を D_e [m]（$= \sqrt[3]{D_{ab}D_{bc}D_{ca}}$）とすれば，つぎのように単相往復線路の片道分と同じになる。

$$L = \frac{\mu\mu_o}{8\pi} + \frac{\mu_o}{2\pi}\ln\frac{D_e}{R} = \left(\frac{1}{2} + 2\ln\frac{D_e}{R}\right)\times 10^{-7} \quad \text{[H/m]} \tag{4.3}$$

多導体線路の場合（**図4.4**）は，各線が半径 r [m] なる素導体間の平均距離 d [m] なる n 本の素導体からなり，線間の幾何学的平均距離が D_e [m] とすれば，1相分のインダクタンスはつぎのようになる。

$$L = \frac{1}{n}\left(\frac{1}{2} + 2\ln\frac{D_e{}^n}{rd^{n-1}}\right)\times 10^{-7} \quad \text{[H/m]} \tag{4.4}$$

式(4.3)と式(4.4)を比較すれば，多導体線は単導体線に比べ，インダクタンスが小さくなることがわかる。

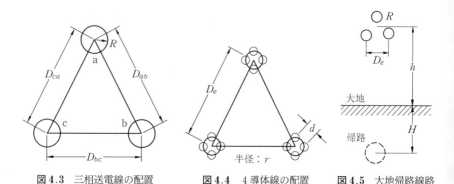

図4.3　三相送電線の配置　　　図4.4　4導体線の配置　　　図4.5　大地帰路線路

　三相電流の和（この３分の１が零相電流）が零にならない不平衡電流が流れている場合の回路計算においては，零相電流に対するインダクタンスを求める必要がある。

　平均の地上高さが h〔m〕で，３線間の幾何学的平均距離が D_e〔m〕，半径が R〔m〕の三相送電線（**図4.5**）において，３線をまとめて往路とし，大地を帰路としたときに，帰路電流が地下 H〔m〕の深さを通る場合に対し上記の多導体線路の考え方を適用し，地中帰路インダクタンスを加えることにより，１線当たりの大地帰路のインダクタンスは

$$L = 2\left(1 + \ln\frac{(h+H)^3}{RD_e^2}\right) \times 10^{-7} \quad \text{〔H/m〕} \tag{4.5}$$

のように表される。

　例題 4.1　素導体の半径 $r = 1.0\,\text{cm}$，素導体間距離 $d = 35\,\text{cm}$ の電線からなる３線間の幾何学的平均距離 $D_e = 300\,\text{cm}$ のときの２導体線と，同じ導体断面積で単導体の場合のインダクタンスをそれぞれ求めよ。ただし，$\mu = 1$ とする。

　解答　導体断面積が等しいという条件により，単導体の場合の導体半径は，$r' = \sqrt{2}\,r$ となり，対応する値を式(4.4)および(4.2)に代入すると，求めるインダクタンスはつぎのようになる。

・２導体の場合：

$$L_2 = \frac{1}{n}\left(\frac{1}{2} + 2\ln\frac{D^n}{rd^{n-1}}\right) \times 10^{-7} = \left(\frac{1}{4} + \ln\frac{D_e^2}{rd}\right) \times 10^{-7}$$

$$= (0.25 + 7.85) \times 10^{-7} = 8.10 \times 10^{-7} \quad \text{〔H/m〕}$$

・単導体の場合：導体半径は $R' = \sqrt{2}\,R$ となる。

$$L_1 = \left(\frac{1}{2} + 2\ln\frac{D_e}{r'}\right) = \left(0.5 + 2\ln\frac{300}{\sqrt{2}}\right) \times 10^{-7}$$

$$= (0.5 + 10.71) \times 10^{-7} = 11.21 \times 10^{-7} \quad \text{〔H/m〕}$$

すなわち，２導体の場合は，単導体の場合に比べ，インダクタンスが約 0.72 倍となり，同様な前提で計算した４導体の場合には，インダクタンスは約 0.60 倍となる。

（3）　静 電 容 量　大気中の２本の導線間の静電容量（line capacitance）は，導線半径が R〔m〕，線間距離が D〔m〕，真空の誘電率を $\varepsilon_0 = 8.854 \times 10^{-12}$（大気中もほぼ同じ）とすれば

$$C_1 = \frac{\pi\varepsilon_0}{\ln\dfrac{D}{R}} \fallingdotseq \frac{1}{3.6\ln\dfrac{D}{R}} \times 10^{-10} \quad [\text{F/m}] \tag{4.6}$$

となり，地上 H [m]にある半径 R [m]の1本の導線と大地との間の静電容量は

$$C_2 = \frac{2\pi\varepsilon_0}{\ln\dfrac{2H}{R}} \fallingdotseq \frac{1}{1.8\ln\dfrac{2H}{R}} \times 10^{-10} \quad [\text{F/m}] \tag{4.7}$$

となる。

　一方，三相架空送電線においては，線間および送電線と架空地線間における相互作用のため，線間および各線と大地間の静電容量を表す式は複雑になる。

　各2線間の静電容量を C_m [F/m]とし，各線と大地間の容量を C_s [F/m]とすれば，1相と中性点の間の等価的な容量は，線間容量 C_m [F/m]をΔ-Y変換することにより

$$C_w = C_s + 3C_m \tag{4.8}$$

となり，**作用静電容量**または**作用キャパシタンス**（working capacitance）と呼ばれる。

　三相1回線の架空送電線において，架空地線の影響を考えない場合，線間の幾何学的平均距離が D_e [m]，平均地上高が H_e [m]でかつ $H_e \gg D_e$ と仮定すれば，作用静電容量 C_w は

$$C_w \fallingdotseq \frac{2\pi\varepsilon_0}{\ln\dfrac{D_e}{R}} \fallingdotseq \frac{1}{1.8\ln\dfrac{D_e}{R}} \times 10^{-10} \quad [\text{F/m}] \tag{4.9}$$

となる。架空地線が存在する場合には，作用静電容量が数 % 増加する。

　例えば，導体半径が $R = 0.5\,\text{cm}$，導体間平均距離が $D = 240\,\text{cm}$ である三相送電線において，作用静電容量は

$$C_w = \frac{1}{1.8\ln\dfrac{D_e}{R}} \times 10^{-10} \quad [\text{F/m}] = 9.0 \times 10^{-12} \quad [\text{F/m}]$$

となり，50 Hz であればリアクタンスは

$$X_c = \frac{1}{\omega C_w} = \frac{1}{314 \times 9.0 \times 10^{-9}} = 3.54 \times 10^5 \quad \text{[Ω/km]}$$

となる。線間電圧が 154 kV のときに 1 相当たりの充電電流 I_c は

$$I_c = \frac{154/\sqrt{3} \times 10^3}{3.54 \times 10^5} = 0.251 \quad \text{[A/km]}$$

となる。

4.2 地 中 送 電 線 路

地中送電線路あるいはケーブル線路は，都市高密度地域，長距離橋梁，海底線路などで用いられている。

地中送電用ケーブルには，絶縁体として油浸紙（OF ケーブル用）や架橋ポリエチレン（CV ケーブル用），束ね方として単心と 3 心一括，冷却媒体として油あるいはガスがあり，またシース方法にも種々ある。線路導体には電気的特性の優れた電気用軟銅線のより線が用いられる。

ケーブルのインダクタンスと静電容量の例を以下に示す。

（1） インダクタンス　図 4.6 のような 3 心ケーブルの作用インダクタンスは，心ごとのシース電流は流れない場合

$$L = \left(\frac{1}{2} + 2 \ln \frac{D}{r}\right) \times 10^{-7} \quad \text{[H/m]} \tag{4.10}$$

となり，式(4.3)の架空送電線路の場合と同じである。

単心ケーブルの場合には，シースの接地の仕方により，導体電流と逆方向に

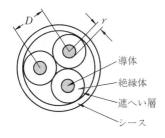

図 4.6　3 心ケーブルの断面

流れるシース電流が異なり，それに伴って鎖交磁束とインダクタンスが異なる。

（2）静電容量　3心ケーブルで心ごとに静電遮へいされている場合，導体半径が R_c〔m〕，絶縁体の外径が D_i〔m〕，絶縁体の比誘電率が ε とすれば，作用静電容量は

$$C_w = \frac{\varepsilon}{1.8 \ln \dfrac{D_i}{R_c}} \times 10^{-10} \quad \text{〔F/m〕} \tag{4.11}$$

となる。

　これらの式からもわかるように，架空送電線路と比較すると地中ケーブルは，線間距離が短く，絶縁に比誘電率が大きい誘電体が使われているため，作用インダクタンスが小さく，作用静電容量が大きい。

5 送 電 特 性

　送配電系統は，国規模の広がりをもつ複雑な回路網であり，系統の定常時の送電特性，動的な安定性解析，故障時の回路計算も非常に複雑になるが，そのような計算に適用可能な単位法について最初に述べる。

　つぎに，送電線路を通じて送られる有効および無効電力は，両端の電圧の大きさと位相に密接な関係がある。それらについて分布定数回路，集中定数回路としての計算法や，円線図による検討を行う。また，系統内の電圧を安定的に維持するための無効電力の調整法についても述べる。

5.1　送配電系統の解析のための基本的方法

　電力系統は，多くの発電機や変圧器，負荷が接続された三相回路網からなり，多数の合流点や分岐点とともに環状線路もあり，全系統を対象とした計算はもちろん，簡略化しても大規模になりやすい。

　また，そのような回路網については，含まれている変圧器の巻線比を考慮する必要があり，多くの変圧器を含む系統については，インピーダンスなどの各定数を基準区間に換算して変圧部分を除いたうえで方程式化するのが一つの方法であるが，複雑になりやすい。

　このような場合の計算において，以下に述べる系統図の表現法や単位法を用いることにより，簡易で統一的な扱いができる。

5.1.1　系統図の表現法

　通常の交流送電線路はすべて三相3線式であり，平衡状態が基本であるた

め，正常状態の線路定数や電圧・電流についても相ごとにそれぞれ表す必要はなく，1相分だけで十分である。それに対応して系統の結線状態も単線で表せばよく，簡潔になる（**図5.1**）。

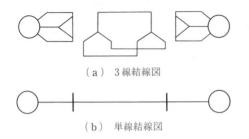

（a） 3線結線図

（b） 単線結線図

図5.1 三相回路の単線結線図表現

5.1.2 単 位 法

交流系統内のある点における印加電圧や流入電流の変化は，系統内のあらゆる点に影響を及ぼすため，系統内の平常運転時の電圧，電流，電力分布の計算，故障時の計算などを行う際に，インピーダンスを表示した回路網を用意する必要がある。

送電回路網には，種々の巻数比の変圧器で区分されたいくつかの電圧階級区間が含まれているため，オーム単位で表すと複雑になる。このような場合に**単位法**（per unit method）または**パーセント法**を用いれば，回路網定数の表現と計算が容易にできる。

単位法は，電力，電圧，電流，インピーダンスなどを，それぞれの基準値に対する比により無次元化して表現する方法であるが，それを用いて送配電系統を表せば，系統内に存在する電圧階級の相違を意識する必要がなくなり，複数の電圧階級よりなる系統の計算も容易になる。

簡単のため，まず単相の場合について述べることとし，単位法表現のための基準値を，容量（電力の基準として設備容量を表す皮相電力の次元をもつ）S_B 〔VA〕，電圧 V_B 〔V〕，電流 I_B 〔A〕，インピーダンス Z_B 〔Ω〕とし，それらを

$$I_B = \frac{S_B}{V_B} \tag{5.1}$$

$$Z_B = \frac{V_B}{I_B} = \frac{V_B{}^2}{S_B} \tag{5.2}$$

のように関係付ければ，四つの基準値のうち二つを与えれば，すべての基準値が決まる。通常は容量と電圧が与えられ，電流，インピーダンスはそれらより決められる。基準値は実数値で表されるが，複素数表示された値を単位法で表すときには，基準値に対する比により複素数で表現される。

電力を P〔W〕$+ jQ$〔Var〕，電圧を V〔V〕，インピーダンスを $\dot{Z} = R + jX$〔Ω〕として，それぞれ単位法で表すとつぎのようになる。なお，記号の添え字の pu，数値に続く p.u. はそれらの記号および数値が単位法表示であることを明確化するために付けているが，混乱のない場合には付けないこともある。

$$V_{pu} = \frac{V}{V_B} \tag{5.3}$$

$$P_{pu} + jQ_{pu} = \frac{P}{S_B} + j\frac{Q}{S_B} \tag{5.4}$$

$$\dot{Z}_{pu} = \frac{R}{Z_B} + j\frac{X}{Z_B} = \frac{RS_B}{V_B{}^2} + j\frac{XS_B}{V_B{}^2} \tag{5.5}$$

三相の場合には，基準値として，三相容量を S_{3B}〔VA〕，線間電圧を V_{LB}〔V〕，電流を I_B〔A〕とすれば，それらの間の関係は

$$I_B = \frac{S_{3B}}{\sqrt{3}\ V_{LB}} \tag{5.6}$$

となり，インピーダンスの基準値は

$$Z_B = \frac{V_{LB}}{\sqrt{3}\ I_B} = \frac{V_{LB}{}^2}{S_{3B}} \tag{5.7}$$

となる。これらの基準値を用いて単位法表示すれば，計算の際に三相であることを意識せずに単相と同様に扱うことができる。

一方，ある基準値で単位法表示されたインピーダンスを別の基準値を用いて表すと（もとの表示には old，新たな表示には new なる添え字を付ける）

$$Z_{pu\text{old}} = \frac{Z}{Z_{B\,\text{old}}} = Z \times \frac{S_{B\,\text{old}}}{V_{B\,\text{old}}{}^2} \tag{5.8}$$

$$Z_{punew} = \frac{Z}{Z_{Bnew}} = Z \times \frac{S_{Bnew}}{V_{Bnew}{}^2} \tag{5.9}$$

となり，式(5.8)の辺々を式(5.9)で割って整理すると

$$Z_{punew} = Z_{puold} \times \frac{Z_{Bold}}{Z_{Bnew}}$$

$$= Z_{puold} \times \left(\frac{V_{Bold}}{V_{Bnew}}\right)^2 \times \frac{S_{Bnew}}{S_{Bold}} \tag{5.10}$$

となる。

　このような基準の変更は，系統全体の基準の統一のときに，系統内に容量の異なる機器，基準と異なる定格電圧の機器などがあるときには必要になる。

　例えば，系統内の変圧器の容量が系統全体の基準容量と異なるときには，つぎのような換算により系統全体の基準に合わせる。

$$Z_{punew} = Z_{puold} \times \frac{S_{Bnew}}{S_{Bold}} \tag{5.11}$$

　電力系統は，途中に変圧器を挟んで異なる電圧階級の系統がつながっている。そのような系統も，単位法を用いることにより，すべて無次元の回路網定数を得ることができ，複雑な回路網も統一的な方法で計算処理することができる。

　実際には，全系統を通じて同一の基準容量（三相皮相電力）を設定し，適当な区間ごとに基準電圧（通常，公称電圧の線間電圧）を選ぶことにより，その区間の基準電流，基準インピーダンスが自動的に決まるので，電圧，電流，電力，インピーダンスなどの値が単位法で表される。

　例題 5.1　図5.2のように，三相交流の発電機が昇圧変圧器，線路，降圧変圧器を通して需要端子に電力を送っているとき，系統の基準容量を 100 MVA としたときに，発電機端子から受電端子までの単位法表示のインピーダンスはいくらになるか。また，受電端の電圧と電力が図に示すようであるとすると，点A，B，Cにおける電圧と電流および電力はいくらになるか。

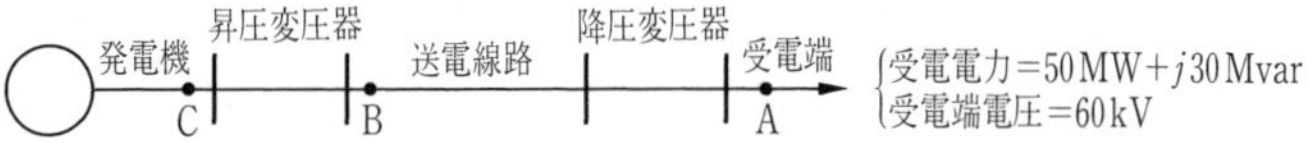

図5.2　送電線路構成とインピーダンス

	電圧と変圧比	容　量	インピーダンス
昇圧変圧器	18 kV/275 kV	容量 80 MVA	自己容量ベース　$j\,10\,\%$
送 電 線 路	275 kV		1 線当たり　$j\,100\,\Omega$
降圧変圧器	275 kV/66 kV	容量 75 MVA	自己容量ベース　$j\,10\,\%$

[解答]　基準値として，系統共通の容量を $S_B = 100\,\text{MVA}$，電圧を各部の定格値である発電機側 18 kV，線路 275 kV，受電端側 66 kV とすれば，各区間の系統共通の基準のもとでの単位法表示のインピーダンスは

線路インピーダンス　：$\dot{Z}_{Lpu} = Z_L \times \dfrac{S_B}{V_B{}^2} = j\,100 \times \dfrac{10^8}{(275 \times 10^3)^2} = j\,0.132\,\text{p.u.}$

送電端昇圧変圧器のインピーダンス：$\dot{Z}_{TApu} = j\,0.10 \times \dfrac{100}{80} = j\,0.125\,\text{p.u.}$

受電端降圧変圧器のインピーダンス：$\dot{Z}_{TBpu} = j\,0.10 \times \dfrac{100}{75} = j\,0.133\,\text{p.u.}$

となり，したがって，両端間のインピーダンスは

$$\dot{Z}_{pu} = j\,(0.132 + 0.125 + 0.133) = j\,0.390\,\text{p.u.}$$

となる。

　点 A，B，C における基準電流はそれぞれ

$$I_{BA} = \frac{10^8}{\sqrt{3} \times 66 \times 10^3} = 874.8\ \text{A}$$

$$I_{BB} = \frac{10^8}{\sqrt{3} \times 275 \times 10^3} = 209.9\ \text{A}$$

$$I_{BC} = \frac{10^8}{\sqrt{3} \times 18 \times 10^3} = 3\,207.5\ \text{A}$$

となる。これらを用いて計算し，各地点の電力，電圧，電流を単位法および固有単位で表すとつぎのようになる（位相角は rad 単位で，上側の線は共役を示す）。

$$P_A + j\,Q_A = \frac{50}{100} + j\,\frac{30}{100} = 0.5 + j\,0.3\,\text{p.u.}$$

$$\dot{V}_A = \frac{60}{66} \underline{/\,0} = 0.909\,1\,\text{p.u.}\ \underline{/\,0}$$

$$\dot{I}_A = \overline{\left(\frac{0.5 + j\,0.3}{0.909\,1\ \underline{/\,0}}\right)} = 0.55 - j\,0.33\,\text{p.u.} = 0.641\,4\,\text{p.u.}\ \underline{/\,-0.540}$$

$$\quad = 561.1\,\text{A}\ \underline{/\,-0.540}$$

$$\dot{I}_B = 0.641\,4\,\text{p.u.}\ \underline{/\,-0.540} = 134.6\,\text{A}\ \underline{/\,-0.540}$$

$$\dot{V}_B = 0.909\,1 + j\,(0.133 + 0.132)(0.55 - j\,0.33) = 0.996\,6 + j\,0.145\,8\,\text{p.u.}$$

$$= 1.007\,2\,\text{p.u.} \,\underline{/\,0.145\,2} = 277.0\,\text{kV} \,\underline{/\,0.145\,2}$$

$$P_B + jQ_B = (0.996\,6 + j\,0.145\,8)\overline{(0.55 - j\,0.33)} = 0.500\,0 + j\,0.409\,1\,\text{p.u.}$$
$$= 50.0\,\text{MW} + 40.9\,\text{Mvar}$$

$$\dot{I}_C = 0.641\,4\,\text{p.u.} \,\underline{/-0.540} = 205\,7.6\,\text{A} \,\underline{/-0.540}$$

$$\dot{V}_C = (0.996\,6 + j\,0.145\,8) + j\,0.125\,(0.55 - j\,0.33)$$
$$= 1.037\,9 + j\,0.214\,6\,\text{p.u.} = 1.059\,9 \,\underline{/\,0.203\,9} = 19.07\,\text{kV} \,\underline{/\,0.203\,9}$$

$$P_C + jQ_C = (1.037\,9 + j\,0.214\,6)\overline{(0.55 - j\,0.33)} = 0.500\,0 + j\,0.460\,5\,\text{p.u.}$$
$$= 50.0\,\text{MW} + 46.1\,\text{Mvar}$$

5.2　定常時送電線路の特性

　送電線路には，直列の抵抗とインダクタンス，並列の静電容量などが線路に沿って存在し，電気的特性を考えるうえで基本的には分布定数回路とみなされるが，対象とする線路の距離と解析しようとする現象，必要な計算精度と簡便さなどにより，集中定数回路とみなすこともできる。

　一般に分布定数回路として扱ったほうがよいのは，高周波，高速現象，長距離線路の場合であり，集中定数回路として扱ってもさしつかえないのは，低周波，低速現象で短距離線路の場合である。

（**1**）　**集中定数回路**　　線路の対象区間の直列インピーダンスを $\dot{Z} = R + j\omega L$，並列アドミタンスを $\dot{Y} = G + j\omega C \fallingdotseq j\omega C$ とする際，**図 5.3** のように，Ｔ形あるいは π 形の集中定数回路として近似的に表すことができる。

　定常時の送電特性を検討する際，30 km 程度以下の送電線路では集中定数回路のうち，並列アドミタンスを省略して直列インピーダンスのみで近似で

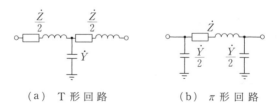

(a)　Ｔ 形 回 路　　　　　(b)　π 形 回 路

図 5.3　送電線路の等価回路

き，100 km 程度までは図5.3のような形式で，それ以上の長距離では分布定

数回路によるのが適当とされている。

（2） **分布定数回路**　　線路を分布定数回路とし，単位長当たりの直列イ

ンピーダンスを $\dot{Z} = R + j\omega L$，並列アドミタンスを $\dot{Y} = G + j\omega C$ とすれ

ば，**図**5.4のように表すことができる。

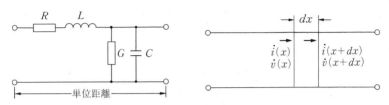

図5.4　分布定数回路の等価回路

図において，位置 x における電圧 $\dot{v}(x)$ と電圧 $\dot{i}(x)$ について

$$\left. \begin{array}{l} -\, d\dot{v}(x) = \dot{i}(x)\dot{Z}dx \\[2mm] -\, d\dot{i}(x) = \dot{v}(x)\dot{Y}dx \end{array} \right\} \tag{5.12}$$

が成り立ち，書き換えると次式のようになる。

$$\left. \begin{array}{l} \dfrac{d\dot{v}(x)}{dx} = -\, \dot{Z}\dot{i}(x) \\[4mm] \dfrac{d\dot{i}(x)}{dx} = -\, \dot{Y}\dot{v}(x) \end{array} \right\} \tag{5.13}$$

さらに式(5.13)を x で微分して得られた式にもとの式(5.12)を代入すると

$$\left. \begin{array}{l} \dfrac{d^2\dot{v}}{dx^2} = -\, \dot{Z}\dfrac{d\dot{i}}{dx} = \dot{Z}\dot{Y}\dot{v} \\[4mm] \dfrac{d^2\dot{i}}{dx^2} = -\, \dot{Y}\dfrac{d\dot{v}}{dx} = \dot{Z}\dot{Y}\dot{i} \end{array} \right\} \tag{5.14}$$

が得られる。式(5.14)の第1式を満足する $\dot{v}$ の解は，つぎのようになる。

$$\dot{v} = C_1 \cosh \sqrt{\dot{Z}\dot{Y}}\, x + C_2 \sinh \sqrt{\dot{Z}\dot{Y}}\, x \tag{5.15}$$

これを x で微分した後，式(5.13)に代入すれば，電流については次式が得ら

れる。

$$i = -\sqrt{\frac{\dot{Y}}{\dot{Z}}}\,(C_2 \cosh \sqrt{\dot{Z}\dot{Y}}\,x + C_1 \sinh \sqrt{\dot{Z}\dot{Y}}\,x) \tag{5.16}$$

これらの式において，$\dot{Z}_s = \sqrt{\dfrac{\dot{Z}}{\dot{Y}}}$ は**特性インピーダンス**（characteristic impedance）と呼ばれ，損失分を無視できるときには，$\dot{Z}_s = \sqrt{(R + j\omega L)/(G + j\omega C)} = \sqrt{L/C}$ となる。また，$\dot{\gamma} = \alpha + j\beta = \sqrt{\dot{Z}\dot{Y}}$ は**伝搬定数**（propagation constant）と呼ばれ，損失分を無視できるときには $\dot{\gamma} = j\omega\sqrt{LC}$ となる。

図5.5 のような回路において，座標 0 について $x = 0$ を式(5.15)に代入すれば，$C_1 = \dot{V}_A$ が得られ，式(5.16)に代入すれば $C_2 = -\dot{Z}_s\dot{I}_A$ が得られる。座標 x における式はつぎのようになる。

$$\dot{v} = \cosh \dot{\gamma}x\ \dot{V}_A - \dot{Z}_s \sinh \dot{\gamma}x\ \dot{I}_A \tag{5.17}$$

$$i = -\frac{1}{\dot{Z}_s} \sinh \dot{\gamma}x\ \dot{V}_A + \cosh \dot{\gamma}x\ \dot{I}_A \tag{5.18}$$

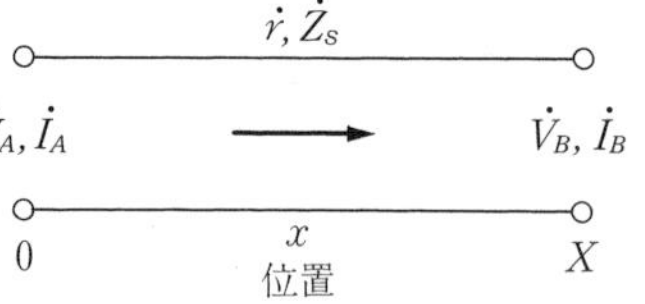

図5.5 分布定数回路の記号

これらの式に $x = X$，$\dot{v} = \dot{V}_B$，$i = \dot{I}_B$ を代入して整理すればつぎのようになる。

$$\dot{V}_A = \cosh \dot{\gamma}X\ \dot{V}_B + \dot{Z}_s \sinh \dot{\gamma}X\ \dot{I}_B \tag{5.19}$$

$$\dot{I}_A = \frac{1}{\dot{Z}_s} \sinh \dot{\gamma}X\ V_B + \cosh \dot{\gamma}X\ \dot{I}_B \tag{5.20}$$

さらにこれらの式を行列形式で表せば，係数行列は次式のように四端子定数にあたる。

$$\begin{bmatrix} \dot{V}_A \\ \dot{I}_A \end{bmatrix} = \begin{bmatrix} \cosh \dot{\gamma}X & \dot{Z}_s \sinh \dot{\gamma}X \\ \dfrac{1}{\dot{Z}_s} \sinh \dot{\gamma}X & \cosh \dot{\gamma}X \end{bmatrix} \begin{bmatrix} \dot{V}_B \\ \dot{I}_B \end{bmatrix} = \begin{bmatrix} \dot{A} & \dot{B} \\ \dot{C} & \dot{D} \end{bmatrix} \begin{bmatrix} \dot{V}_B \\ \dot{I}_B \end{bmatrix} \tag{5.21}$$

このように，送電線路を分布定数回路として扱った場合も四端子回路とみな

すことができるので，特性インピーダンスの異なる線路が接続されている場合とか，分布定数回路と集中定数回路が接続されている場合にも，四端子定数回路の接続として係数行列の計算をすることにより，両端間の電圧と電流の関係を求めることができる。

　なお，代表的な場合の四端子定数を**表5.1**に示す。

表5.1　送電線路の四端子回路表現における四端子定数

	$\dot{A}=\dot{D}$	$\dot{B}$	$\dot{C}$
T 形集中回路	$1+\dfrac{\dot{Z}\dot{Y}}{2}$	$\dot{Z}\left(1+\dfrac{\dot{Z}\dot{Y}}{4}\right)$	$\dot{Y}$
π 形集中回路	$1+\dfrac{\dot{Z}\dot{Y}}{2}$	$\dot{Z}$	$\dot{Y}\left(1+\dfrac{\dot{Z}\dot{Y}}{4}\right)$
直列インピーダンス	1	$\dot{Z}$	0
分布定数回路	$\cosh\dot{\gamma}L$	$\dot{Z}_s\sinh\dot{\gamma}L$	$\dfrac{1}{\dot{Z}_s}\sinh\dot{\gamma}L$

L：線路長さ，Z：全線路インピーダンス，Y：全線路アドミタンス

5.3　電力方程式と電力円線図

　電気回路理論では，電圧に比べて進み位相の電流により送り出される無効電力を正とするように，複素数表示の電力を $P+jQ=\overline{V}\dot{I}$ として計算するが（$\overline{V}$ は $\dot{V}$ の共役値を表し，以下同様），送配電工学では遅れ位相の電流により送り出される無効電力を正とするように $P+jQ=\dot{V}\overline{I}$ として計算することが多く，本書ではすべて後者の方式によって表す。

　送電線路を四端子回路とみなし，回路定数を $\dot{A}$, $\dot{B}$, $\dot{C}$, $\dot{D}$ とし，添字1，2をそれぞれ送電端側，受電端側とすれば，送電端側において次式が成り立つ。

$$\dot{V}_1=\dot{A}\dot{V}_2+\dot{B}\dot{I}_2 \tag{5.22}$$

$$\dot{I}_1=\dot{C}\dot{V}_2+\dot{D}\dot{I}_2 \tag{5.23}$$

　式(5.22)から $\dot{I}_2$ に対する式を求め，式(5.23)に代入し，$\dot{A}=\dot{D}$ および $\dot{A}\dot{D}-\dot{B}\dot{C}=1$ として整理すると

$$\dot{I}_1 = \frac{\dot{A}}{\dot{B}}\dot{V}_1 - \frac{1}{\dot{B}}\dot{V}_2 \tag{5.24}$$

が得られ，この式の共役値と $\dot{V}_1$ との積から，送電端から送られる複素電力は，$\dot{V}_1 = V_1 \underline{/\delta_1}$，$\dot{V}_2 = V_2 \underline{/\delta_2}$，$\dot{A} = A \underline{/\theta_A}$，$\dot{B} = B \underline{/\theta_B}$ とし，$\delta_{12} = \delta_1 - \delta_2$ などのように表せば，つぎのようになる。

$$P_1 + jQ_1 = \dot{V}_1 \overline{\dot{I}}_1 = \overline{\left(\frac{\dot{A}}{\dot{B}}\right)}\dot{V}_1 \overline{\dot{V}}_1 - \overline{\left(\frac{1}{\dot{B}}\right)}\dot{V}_1 \overline{\dot{V}}_2$$

$$= \frac{A}{B}V_1^2 \underline{/\theta_B - \theta_A} - \frac{V_1 V_2}{B}\underline{/\delta_1 - \delta_2 + \theta_B}$$

$$= \frac{A}{B}V_1^2 \underline{/\theta_B - \theta_A} - \frac{V_1 V_2}{B}\underline{/\delta_{12} + \theta_B}$$

$$= \frac{A}{B}V_1^2 \cos(\theta_B - \theta_A) - \frac{V_1 V_2}{B}\cos(\delta_{12} + \theta_B)$$

$$+ j\left\{\frac{A}{B}V_1^2 \sin(\theta_B - \theta_A) - \frac{V_1 V_2}{B}\sin(\delta_{12} + \theta_B)\right\} \tag{5.25}$$

ここで，$a_1 = \dfrac{A}{B}V_1^2 \cos(\theta_B - \theta_A)$，$b_1 = \dfrac{A}{B}V_1^2 \sin(\theta_B - \theta_A)$，$c_1 = \dfrac{V_1 V_2}{B}$ とおけば，上式は

$$P_1 = a_1 - c_1 \cos(\delta_{12} + \theta_B) \tag{5.26}$$

$$Q_1 = b_1 - c_1 \sin(\delta_{12} + \theta_B) \tag{5.27}$$

となり，それぞれの式で，a_1，b_1 を左辺に移項して二乗し，辺々加えて整理すれば

$$(P_1 - a_1)^2 + (Q_1 - b_1)^2 = c_1^2 \tag{5.28}$$

となり，有効電力および無効電力を座標軸とする直角座標系においては，δ_{12} を変化させたときの軌跡は図 **5.6** のように円になる。

　すなわち，ある送電線路において，送・受電端の電圧を固定して有効電力を変えた場合，無効電力は円周上の決められた値をもち，自由に選ぶことはできない。

　上記の一般的な四端子回路のうち，直列にインピーダンスだけがある図 **5.7** の場合には，$\alpha = \pi/2 - \theta = \sin^{-1}(R/Z)$ とすれば，$\dot{Z} = Z\underline{/\theta} = Z\underline{/(\pi/2 - \alpha)}$

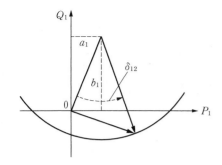

図5.6　四端子定数回路の送電端側
　　　　電力円線図

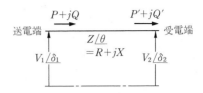

図5.7　インピーダンス線路の送受電力

であり，$\delta_{12} \equiv \delta_1 - \delta_2$，$\dot{V}_1 = V_1\,\underline{/\delta_1}$，$\dot{V}_2 = V_2\,\underline{/\delta_2}$ とすれば，送電端から送り込まれる電力は

$$P = \frac{V_1^2}{Z}\cos\theta - \frac{V_1 V_2}{Z}\cos(\delta_{12} + \theta)$$

$$= \frac{V_1^2}{Z}\sin\alpha + \frac{V_1 V_2}{Z}\sin(\delta_{12} - \alpha) \tag{5.29}$$

$$Q = \frac{V_1^2}{Z}\sin\theta - \frac{V_1 V_2}{Z}\sin(\delta_{12} + \theta)$$

$$= \frac{V_1^2}{Z}\cos\alpha - \frac{V_1 V_2}{Z}\cos(\delta_{12} - \alpha) \tag{5.30}$$

となる。

V_1，V_2 を一定としたとき P が最大となるのは，$dP/d\delta_{12} = 0$，すなわち $\cos(\delta_{12} - \alpha) = 0$，すなわち $\delta_{12} - \alpha = \pi/2$ のときであり，最大値は

$$P_{\max} = \frac{V_1^2}{Z}\sin\alpha + \frac{V_1 V_2}{Z} \tag{5.31}$$

となる。

また，$R = 0$ のときには $\alpha = 0$ であり

$$P = \frac{V_1 V_2}{X}\sin\delta_{12} \tag{5.32}$$

である。その際，$\delta_{12} = \pi/2$ なるときに P の最大値はつぎのようになる。

$$P_{\max} = \frac{V_1 V_2}{X} \tag{5.33}$$

一方また，受電端側で受け取る電力は

$$
\left.
\begin{aligned}
P' &= -\frac{V_2^2}{Z}\sin\alpha - \frac{V_1 V_2}{Z}\sin(\delta_{21}-\alpha) \\
&= -\frac{V_2^2}{Z}\sin\alpha + \frac{V_1 V_2}{Z}\sin(\delta_{12}+\alpha)
\end{aligned}
\right\}
\tag{5.34}
$$

$$
\left.
\begin{aligned}
Q' &= -\frac{V_2^2}{Z}\cos\alpha + \frac{V_1 V_2}{Z}\cos(\delta_{21}-\alpha) \\
&= -\frac{V_2^2}{Z}\cos\alpha + \frac{V_1 V_2}{Z}\cos(\delta_{12}+\alpha)
\end{aligned}
\right\}
\tag{5.35}
$$

となる。

以上の結果に基づいて，まず送電端側について式(5.29)と式(3.30)を書き直せば

$$
P = A + C\sin(\delta_{12}-\alpha) \tag{5.36}
$$

$$
Q = B - C\cos(\delta_{12}-\alpha) \tag{5.37}
$$

ただし，$A = (V_1^2/Z)\sin\alpha = V_1^2 R/Z^2$，$B = (V_1^2/Z)\cos\alpha = V_1^2 X/Z^2$，
$\quad C = (V_1 V_2/Z)$

となり，両式において A，B をそれぞれ左辺に移項し，辺々二乗して加えれば

$$
(P - A)^2 + (Q - B)^2 = C^2 \tag{5.38}
$$

となる。

この関係式により，式(5.28)に対する図5.6と同様に，送電端側電力は**図 5.8** の円線図により表される（$\gamma \equiv \delta_{12} - \alpha$）。

両端の電圧の大きさがそれぞれ一定のときに，電圧の位相差（δ_{12}）を大き

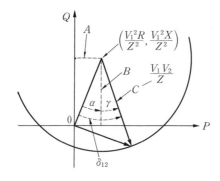

図5.8　送電端側電力円線図

くすると送電電力も大きくなるが，それとともに無効電力も変動することを示している。

図5.9(a)は，$\alpha = 0$で両端の電圧の大きさが等しいときの有効電力と無効電力の関係を示す。

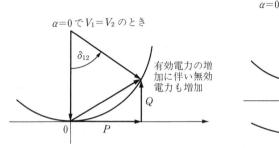
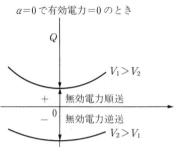

（a）　有効電力の変化に対する無効電力　　　（b）　両端の電圧の相違と無効電力

図5.9　送電端電力特性

図5.9(b)は，$\alpha = 0$で有効電力が零のときの無効電力の状況を示す。電圧の大きいほうから無効電力が流れ込む状況がわかる。

同様に，受電端側についても式(5.34)と式(5.35)を書き直せば

$$P = A' + C \sin(\delta_{12} + \alpha) \tag{5.39}$$

$$Q = B' + C \cos(\delta_{12} + \alpha) \tag{5.40}$$

となり，中心を$\{-V_2^2 R/Z^2, -V_2^2 X/Z^2\}$とし，半径を$(V_1 V_2/Z)$とする円が**図5.10**のように描ける。同図では受電端で受け取る複素電力を表すが，無効電力の符号に注意を要する（遅れ無効電力が送り込まれてきたときには正）。

受電電力の有効分を増加させるためには，両端の電圧の位相差（$\delta_{12} = \delta_1 - \delta_2$）を送電端側が進むように大きくする。図5.10のa点は，受電端において有効電力を受けているが，逆に無効電力を線路に向けて送り出していることを示す。

受電端に遅れ力率の負荷がつながれている場合には，受電電力と負荷の有効分を一致させても，一般に無効分は一致しない。両方を一致させるためには，

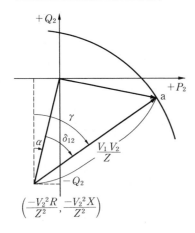

図5.10 受電端側電力円線図

無効電力供給装置をつないで調整するか，両端の電圧を変える必要がある。

図5.11(a)は，遅れ力率の負荷に電力を供給する際に，並列に無効電力供給源をつなぐことにより，規定の電圧で有効および無効電力の需給バランスが成り立つことを示しており，図(b)では有効および無効電力の流れを示している。この場合には，線路で必要とする無効電力を両端から供給している。

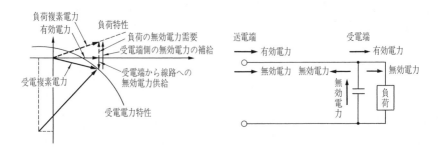

（a）　電力円線図と負荷特性　　　　（b）　有効・無効電力の流れ

図5.11 受電端側線路受電電力と負荷電力との無効電力補償による整合

電力円線図の最大の利点は，有効電力と無効電力およびそのときの位相角の関係，必要な調相用無効電力，最大送電電力などをビジュアルに理解することができることである。

5.4 調 相

電力系統における機器の端子や送電線などの電圧は，変電所や送電線の分布容量などから流出入する有効および無効電力の大きさとその分布などにより影響を受け，その状況は多様である。

電力の最終利用段階における一定電圧の維持は，一定周波数，供給継続性とともに，高い質の電力を示す指標として重要であるが，送電段階においては，有効電力の需給バランスの維持とともに系統の安定な運転（第6章参照）の確保に必要であるため，通常は送電線路の電圧を一定に保つ**定電圧送電方式**が採用されている。

5.3節の電力円線図の説明で述べたように，両端の電圧が固定された線路の送電電力の有効分を変えるには，線路に流出入する無効電力も調整してバランスさせる必要がある。そのような操作は**調相**（phase modification）と呼ばれ，そのために用いられるのが調相設備である。

系統電圧と無効電力には密接な関係があり，電圧の高い地点から低い地点に無効電力が流れると同時に，逆に，無効電力の流入する母線は他の母線より電圧が上がる傾向がある。したがって，調相においてはこのような特性を利用した操作が行われる。

送電線路では，分布静電容量により，印加された電圧の二乗に比例した無効電力が生じる（定電圧方式であるので通常は一定）と同時に，線路インダクタンスを通る電流のほぼ二乗に比例した無効電力が消費される。このため，線路では送電電力の大きさにより無効電力の正味の需要量が変化し，大電力送電時には不足し，小電力送電時には余る傾向がある。

そのような変動による無効電力の過不足は，一般に日中は電圧を下げるように，深夜は上げるように働くことが多いため，無効電力の供給あるいは吸収のための装置を設けて無効電力の需給バランスをとり，系統における電圧の変動を許容範囲に維持する。

　電力系統においては，いずれの地点においても周波数は一定であり，周波数を制御するために系統に加えられる有効電力は，いずれの地点から加えても，系統の電力損失のために多少の差はあるが，系統周波数を一律に制御できる。しかし系統内の電圧は電力の流れの方向や大きさ，時間や位置などにより異なり，それに対する調整手段の効果も位置によって異なる。したがって，電圧変動の状況，対策の効果などを考慮して，対策の種類と適用地点と量などを決めなければならない。

　おもな調相方法はつぎのようである。

　（1）　同期機による調相　　電力系統に接続された同期機は，励磁電流により誘導起電力を調節することにより系統に流出入する無効電力を増減し，それに伴い系統の電圧を制御できる。同期発電機の場合には，自動電圧調整器により端子電圧を一定に保つような制御をすることが多く，その際無効電力の流出入も変化する。

　有効電力の入出力はなく，無効電力の授受のみを目的とした同期機は**同期調相機**（synchronous condenser）と呼ばれ，特性曲線が**図5.12**に示されている。受動的な静止形装置に比べ，無効電力の吸収から供給まで連続的に制御できるとともに，系統の電圧を安定に維持することにも役立つため，設備コストが高いが，系統内の重要な地点や電源から電気的に遠い地点に設置されることが多い。

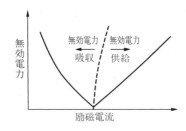

図5.12　同期調相機のV特性

　調相装置は，第6章に述べる電圧安定度とも密接に関係しているが，特に同期調相機は，無効電力のバランスの目的とともに，電源地帯から電気的に遠い地域の電圧安定度の向上のために設置されることがある。

（2） **静止機器による調相**　コンデンサやリアクトルなどの静止形装置を組み合わせることにより調相装置を構成することができ，同期機に比べて一般に安価である。それらのうち，半導体素子などを用いて制御性を高めたものは**静止形無効電力補償装置**（SVC，static var compensator）と呼ばれている。

送電系統で広く用いられているのが，図 5.13 に示すように，電力用コンデンサおよび分路リアクトルを開閉器により適当な量ずつ投入する方法である。このような方法によれば，無効電力の変化は段階的で，時間的な遅れもあるため，速い現象に対する制御は目的としない。

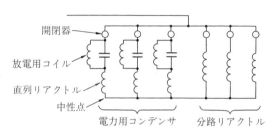

図 5.13　静止形進相・遅相無効電力供給装置

これらの調相装置は，送電系統の変電所において，Y–Y–Δ 結線の 3 巻線変圧器の Δ 結線の 3 次巻線に，Y 結線で接続されることが多い。変圧器に Δ 結線を含めることにより，3 次の誘導起電力を短絡して系統電圧から除くことができるが，電力用コンデンサに直列に基本周波数で 4.5 〜 6 ％ 程度のリアクタンスをもったリアクトルを接続することにより，5 次の高調波に対しても直列共振に近い状態のフィルタの役割をもたせることにより除去できる。

図 5.14 は，コンデンサと可飽和リアクトルを組み合わせた可飽和リアクトル形静止形無効電力補償装置であり，リアクトルにかかる電圧の上昇とともに鉄心が飽和し，端子電圧をほぼ一定に保つように流出入する無効電力が自動的に変化する。この装置の特性はリアクトルの飽和特性で決まるため，状況に応じた制御は難しい。

図 5.15 の方式は，*LC* 並列形サイリスタ制御静止形無効電力補償装置と呼ばれる。これは，図（a）のようにリアクトルとコンデンサを並列につなぎ，図

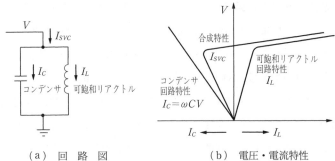

(a) 回 路 図　　　　　　（b） 電圧・電流特性

図5.14 可飽和リアクトル形静止形無効電力補償装置

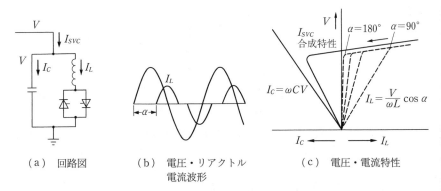

（a） 回路図　　　（b） 電圧・リアクトル　　　（c） 電圧・電流特性
　　　　　　　　　　　　　電流波形

図5.15 *LC* 並列形サイリスタ制御静止形無効電力補償装置

（b）のようにサイリスタの点弧角を変えることにより一方（一般にインダクタンス側）の電流の大きさを制御して，図（c）のように全体として無効電力の吸収から供給まで連続的かつ即応的に変えることができる。

6 電力系統の安定度

　負荷の変化や故障など，電力系統に加えられた擾乱に対して，系統内の各発電機が同期運転を保ち，安定運転できる度合いを**電力系統の安定度**（power system stability）という。電力系統では，多数の同期発電機が送電線を介して並列運転している。同期発電機は，界磁磁極と電機子巻線による回転起磁力との間に電磁力が働き，この力に抗して原動機により同期速度で回転させ，機械的入力を電気的出力に変換を行う力学系と考えることができる。したがって，外乱が発生し入出力のバランスが崩れると，発電機の慣性によりこの力学系（発電機の回転体）が動揺を始める。電力系統の安定度問題とは，この動揺が発散するか否かを扱う問題である。

　近年，重負荷時に系統内の無効電力バランスが崩れると，系統電圧が異常に低下し，電力の安定供給が困難となる**電圧不安定（崩壊）現象**（voltage instability または collapse）の存在が明らかになった。前述の安定度が，有効電力バランスが崩れた後，新たな平衡点に移行できるかどうかを扱う問題であるのに対し，**電圧安定性**（voltage stability）とは，系統内の無効電力バランスが崩れたとき，系統電圧が安定に電力供給を可能とする新たな平衡点に移行できるかどうかを扱う問題である。この意味で，前者を位相角安定度あるいは有効電力安定度ということがある。

6.1 安定度の分類

　安定度は擾乱の大きさ，発電機，送電線，負荷などの系統構成，潮流状況，発電機のインピーダンスや慣性などの機器定数，発電機の**自動電圧調整器**（AVR，automatic voltage regulator），**調速機**（GOV，governor）などの自動制御装置，そのほか多くの要因によって左右される。

　安定度は，その取扱いあるいは解析の立場より，従来から擾乱の大小によっ

て定態安定度と過渡安定度に分類されている。

（1）　定態安定度：定態安定度は負荷や発電電力の微小な変化とか，非常に緩やかな擾乱に対して同期を保ち，安定に送電を維持できる度合いをいう。その安定を保ち得る範囲内の最大電力を定態安定極限電力という。

（2）　過渡安定度：電力系統がある条件下で安定に送電しているときに，地絡，短絡，断線，回線遮断，再閉路，系統分離などの急激な擾乱があっても，同期状態を維持して送電できる度合いをいう。その安定を保ち得る範囲内の最大電力を過渡安定極限電力といい，この値は擾乱の種類，場所，継続時間，系統構成によって異なる。

安定度はまた，自動制御系を考慮するか否かによりつぎのように分類される。

（1）　固有安定度：発電機の自動電圧調整器および調速機の効果などを考慮せず，発電機の内部誘起電圧一定の下で考える安定度をいう。

（2）　動的安定度：発電機の自動電圧調整器および調速機の効果などの影響を考慮した安定度をいう。

これに対し，近年における系統の大規模化，各構成要素の複雑化や制御装置の高度化に伴い，系統の不安定現象の様相に変化が生じてきたこと，また電子計算機の処理能力および解析手法の向上などにより，長時間のシミュレーションが可能となってきたこととあいまって，現象の時間経過に着目した過渡領域，中間領域，定態領域といった分類も提唱されている。

しかし，擾乱の大きさ，制御系の有無による分類が従来から用いられており最も一般的で，時間領域による分類は実際的な分類として受け入れられつつあるが完全に定着するには至っていないことと，安定度を理解するという立場から，本書では従来の分類による過渡安定度および定態安定度について述べる。

6.2　安定度の概念

電力系統は，多数の同期発電機が系統を介して並列運転しているものである。すなわち，定常状態の発電機は原動機から供給される入力である機械的

（駆動）エネルギーと，出力である電気的エネルギーとが釣り合って，回転子は同期速度に対応する一定の角速度 ω_0 で回転している。安定に運転している状態において，外乱の発生により一時的にせよこの入出力エネルギーのバランスが崩れると，発電機回転子間の位相角が動揺し始める。この動揺を直接的に支配するのが，次式に示す発電機の運動方程式または**動揺方程式**（swing equation）である。

$$\frac{M}{\omega_0}\frac{d^2\delta}{dt^2} = P_m - P_e \tag{6.1}$$

ただし，M：単位慣性定数，δ：同期速度で回転する座標を基準とする回転子角度（通常は内部電圧の位相角を使用する），P_m：機械的入力，P_e：電気的出力，ω_0：定格（同期）速度である。

安定度とは，この動揺が発散するか否かで論じられる。発電機間には発電機の制御系のほか系統を構成する要素が介在するため，動揺は複雑な様相を呈することになる。安定度を論ずるうえで式(6.1)右辺の発電機の電気的出力 P_e をどのように計算するか，すなわち発電機モデルも重要である。発電機モデルについては 6.5 節で述べることにする。

図 6.1 のように，n 台の発電機からなる系統における運動方程式は

$$\frac{1}{\omega_0}\begin{bmatrix} M_1 & & & \\ & M_2 & & \\ & & \ddots & \\ & & & M_n \end{bmatrix}\frac{d^2}{dt^2}\begin{bmatrix} \delta_1 \\ \delta_2 \\ \vdots \\ \delta_n \end{bmatrix} = \begin{bmatrix} P_{m1} \\ P_{m2} \\ \vdots \\ P_{mn} \end{bmatrix} - \begin{bmatrix} P_{e1} \\ P_{e2} \\ \vdots \\ P_{en} \end{bmatrix}$$

または

$$\frac{\boldsymbol{M}}{\omega_0}\frac{d^2\boldsymbol{\delta}}{dt^2} = \boldsymbol{P}_m - \boldsymbol{P}_e \tag{6.2}$$

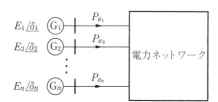

図 6.1　n 機系統

となる。式(6.2)の右辺，発電機 $i\,(i=1\cdots n)$ の出力 P_{ei} は

$$P_{ei} = \sum_{j=1}^{n} Y_{ij} E_i E_j \sin(\delta_{ij} + \alpha_{ij}) \tag{6.3}$$

ここで，$E_i \underline{/\delta_i}$，$E_j \underline{/\delta_j}$：発電機 i，j の内部電圧，$\delta_{ij} = \delta_i - \delta_j$，$Y_{ij} \underline{/\theta_{ij}}$：発電機 i，j の内部電圧間の伝達アドミタンス，$\alpha_{ij} = \pi/2 - \theta_{ij}$。

したがって，系統の運動方程式は非線形微分方程式である。以下，安定度を定態と過渡に分けて説明する。ただし，説明を簡単にするため制御系の影響は無視する。

6.3 定 態 安 定 度

前節でも述べたように，定態安定度は微小擾乱あるいは，ある程度動揺が減衰してからの安定度であるから，説明のため，式(6.2)中の変数ベクトル $\boldsymbol{\delta}$，$\boldsymbol{P_e}$ が $\boldsymbol{\delta_0}$，$\boldsymbol{P_{e0}}$ で運転していたとし，内部位相角が $\boldsymbol{\delta_0 + \Delta\delta}$ に微小量変化したとすると，電気的出力 $\boldsymbol{P_{e0} + \Delta P_e}$ は

$$\boldsymbol{P_{e0} + \Delta P_e} \cong \boldsymbol{P_{e0}} + \frac{\partial \boldsymbol{P_e}}{\partial \boldsymbol{\delta}} \boldsymbol{\Delta\delta} = \boldsymbol{P_{e0} + K\,\Delta\delta}$$

で近似できる。また，制御系を無視し，すなわち $\boldsymbol{P_m} =$ 一定としているから，微小変化に対する運動方程式は

$$\frac{\boldsymbol{M}}{\omega_0} \frac{d^2 \boldsymbol{\Delta\delta}}{dt^2} = -\,\boldsymbol{K\,\Delta\delta} \tag{6.4}$$

ここで，$\boldsymbol{K}$ は後で説明する同期化力係数と呼ばれるもので，次式で表される。

$$\boldsymbol{K} = [K_{ij}] = \left[\frac{\partial P_i}{\partial \delta_j}\right]_{\delta = \delta_0} \tag{6.5}$$

定態安定度解析では，運転点のまわりで線形化した運動方程式(6.4)について，解の安定性を調べる。いわゆる自動制御理論の安定判別である。すなわち，判別は式(6.4)をラプラス変換し，特性方程式の根の実数部が正か負かによって行われる。したがって，固有値法など各種の解析法がある。ラプラス演

算子を s とすると，式(6.4)は

$$
\begin{bmatrix}
\dfrac{M_1 s^2}{\omega_0} + K_{11} & K_{12} & \cdots\cdots & K_{1n} \\[2mm]
K_{21} & \dfrac{M_2 s^2}{\omega_0} + K_{22} & & \vdots \\[2mm]
\vdots & \vdots & & \vdots \\[2mm]
K_{n1} & \cdots & \cdots & \dfrac{M_n s^2}{\omega_0} + K_{nn}
\end{bmatrix}
\begin{bmatrix}
\varDelta\delta_1 \\ \vdots \\ \vdots \\ \varDelta\delta_n
\end{bmatrix}
= 0
\qquad (6.6)
$$

となり，この係数行列から特性方程式を求める。

　ここでは，現象の概念を説明することが目的であるので，**図 6.2** に示す 1 機無限大母線系統について考える。

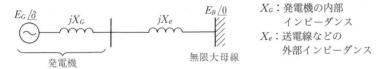

X_G：発電機の内部
　　インピーダンス
X_e：送電線などの
　　外部インピーダンス

図 6.2　1 機無限大母線系統

　無限大母線とは電圧および位相角がつねに一定である母線であり，内部インピーダンスが零で，慣性が無限大の発電機，あるいは電気回路理論における理想定電圧源に相当する。特性方程式は式(6.6)より次式となる。ただし，発電機は 6.5 節で述べる X_d 背後電圧一定モデルとする。

$$
\frac{M}{\omega_0} s^2 + K = 0 \qquad\qquad\qquad (6.7)
$$

式(6.7)の解は $s = \pm j\sqrt{K\omega_0/M}$ となり，つぎのように解釈できる。

（1）　$K > 0$ の場合は安定である。すなわち，$M/\omega_0 > 0$ であるから $j\sqrt{K\omega_0/M}$ は純虚数となり，解は持続振動となるが，実系統では，発電機の制動巻線などの制動項が存在するため，これを安定とみなす。

（2）　$K < 0$ の場合は不安定である。すなわち，$j\sqrt{K\omega_0/M}$ は実数となり，s には正の実数が存在し，解は発散傾向となるため不安定である。

（3）　$K = 0$ は臨界または安定限界である。

以上のことを定性的に説明すると以下のようになる。まず，発電機の電気的出力 P_e は

$$P_e = \frac{E_G E_B}{X_G + X_e} \sin \delta \tag{6.8}$$

したがって，同期化力係数 K は

$$K = \frac{E_G E_B}{X_G + X_e} \cos \delta \tag{6.9}$$

　発電機出力 P_e と内部位相角 δ の関係は，式(6.8)より**図6.3**のような曲線となる。

　発電機の損失を無視すると，運転点は機械的入力 P_m と P_e の交点であり，A，B 2点存在する。A は安定，B は不安定平衡点と呼ばれ，定常時はこの A 点で運転される。すなわち，A 点の位相角 δ_0 で運転中，微小な擾乱によって回転子が加速し，内部位相角が $\varDelta\delta (> 0)$ 増加して A′ 点に移ったとすれば，P_e は $\varDelta P_e (> 0)$ だけ増加するが，P_m は一定であり，P_e が増加した分，回転子と電機子間の電磁力，すなわち機械的入力に対する反抗力も増す。したがって，回転子は減速され，A 点へ戻ろうとする。逆に，A から A″ に減速する（$\varDelta\delta < 0$）と，P_e は $\varDelta P_e (< 0)$ だけ減少し，この分，反抗力が減少するため回転子は加速され，A 点へ戻ろうとする。したがって，発電機は安定に運転できる。

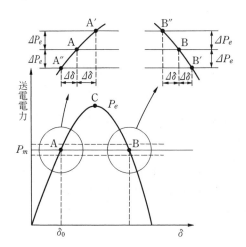

図6.3　電力‐相差角曲線

一方，B 点では，回転子が加速し，$\Delta\delta\,(>0)$ に増加して B′ 点に移れば，発電機の反抗力が減少し（$\Delta P_e<0$），ますます回転子は加速され，B 点から遠ざかるため不安定となる。また，回転子が減速した場合，位相角は $\Delta\delta\,(<0)$ だけ減少するため反抗力が増加し（$\Delta P_e>0$），回転子は減速するため，やはり B 点から遠ざかり不安定である。

上述のことから，δ の増加に対する発電機入力の増加より出力（反抗力）の増加が上回れば安定となることがわかる。すなわち，$dP_e/d\delta>dP_m/d\delta=0$（右辺は P_m 一定としているから 0）であれば安定である。また，この $dP_e/d\delta$ は図 6.3 の電力相差角曲線の傾きであり，上述の K に等しい。したがって A 点では安定，B 点では不安定，C 点は臨界または定態安定限界であり，定態安定極限電力は $E_G E_B/(X_G+X_e)$ である。K は回転子の位相角が $\Delta\delta$ 増加したとき，これをもとに戻そうとする復原力の強さを表す。すなわち発電機間の同期を保つという意味で，同期化力あるいは同期化力係数と呼ばれる。

式(6.4)で，AVR，GOV の発電機の制御系を考慮した場合の安定度を動態安定度ということがある。

6.4 過渡安定度と等面積法

図 6.4 に示すように，一定励磁の発電機が 2 回線送電線を介して無限大母線に送電している系統で，1 回線に三相短絡故障が発生し，一定時間後，故障回線を遮断し故障が除去される場合の過渡安定度について考える。この 1 機無限大母線系統における発電機の運動方程式は

$$\frac{M}{\omega_0}\frac{d^2\delta}{dt^2}=P_m-P_e \tag{6.10}$$

となる。ただし，δ は無限大母線の電圧位相を基準とした発電機の内部位相角で相差角とも呼ばれる。また，P_e は式(6.8)と同様に，発電機の内部仮想端子と無限大母線間の伝達リアクタンスを X_{GB} とすると $P_e=\dfrac{E_G E_B}{X_{GB}}\sin\delta$ となる。

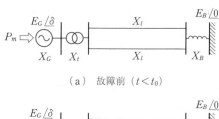

（a）故障前（$t < t_0$）

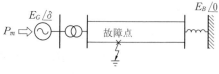

（b）故障中（$t_0 \leqq t \leqq t_c$）

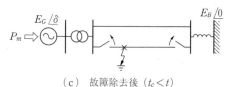

（c）故障除去後（$t_c < t$）

図 6.4 系統状態の推移

　この場合，系統は三つの状態，すなわち故障前，故障中，故障除去後の状態を順次たどる。これに伴って，式(6.10)の右辺 P_e の X_{GB} も**図 6.5** に示すように変化する（故障前は $X_{GB} = X_G + X_t + X_l/2 + X_B$ である。故障中，故障後の X_{GB} は演習問題【2】を参照されたい）。

　したがって，電気的出力 P_e は**図 6.6** のようになる。すなわち，曲線 A は故障発生前，B は故障中，C は故障が除去された後の1回線送電時の電力相差角曲線である。

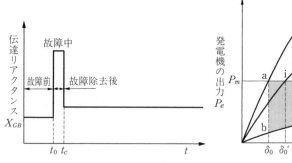

図 6.5　伝達リアクタンス X_{GB} の変化

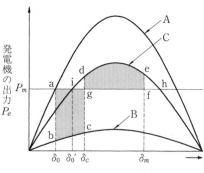

図 6.6　電力‐相差角曲線

発電機出力 $P_{e0}(= P_m)$，相差角 δ_0 で運転中に，$t = t_0$ で故障が生じたとすると，相差角 δ は発電機の慣性のためすぐに変わることができないが，出力 P_e は**図6.7**(b)のように瞬時に低下するため，運転点は図6.6のa点からb点に移る。このとき発電機は入力＞出力となり加速し，発電機の相差角 δ は故障中のB曲線に沿って増加する。この間，発電機は入出力差に相当するエネルギーが回転角速度を $\omega = \omega_0 + \varDelta\omega$ $(\varDelta\omega = d\delta/dt)$ に増すことにより，回転体に運動（加速）エネルギーとして蓄積される。

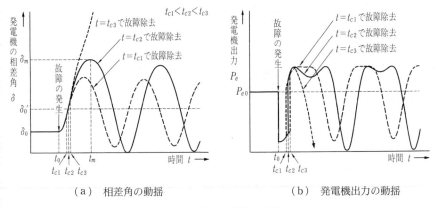

（a） 相差角の動揺 （b） 発電機出力の動揺

図6.7 相差角と電力の動揺

相差角がc点（$t = t_{c2}$）に達したとき，故障回線の両端の遮断器を開放し故障が除去されたとすれば，運転点はd点へ移り，入力＜出力となり，減速力が働く。このため発電機の加速は抑制され ω は徐々に減少するが，発電機に蓄積された運動エネルギーのため δ はなおも増加し続ける。

e点（$t = t_m$）で $\varDelta\omega = 0$ となると，δ は最大値 δ_m に達する。このe点では入力＜出力の状態が続くため，$\varDelta\omega < 0$ となり δ が減少していく。運転点dからe点（$t > t_{c2}$）では，b点からc点（$t_0 < t < t_{c2}$）で発電機に蓄積された運動エネルギーが外部へ放出され，ω を減少させる。この放出されるエネルギーは，減速エネルギーと呼ばれる。

$t = t_m$ で δ が最大値 δ_m を迎えた後 δ は減少し，新たな平衡点 $\delta_0{'}$（i点）を

中心に動揺する。動揺を繰り返す間に，損失などによって δ は故障前の出力 P_{e0} に相当する δ_0' に収束し，入出力の平衡を保って安定運転を継続できる。

図 6.7 に示すように，t_{c2} より早い t_{c1} で故障を除去すれば，δ の最大値は小さくなり早く動揺が収まる。t_{c2} より遅い t_{c3} で故障を除去すると δ の増加が速くなり，一時的に入力＜出力となるが，故障中に蓄積された運動エネルギーを放出しきれず短時間で図 6.6 の h 点を越え，入力＞出力の状態になり，発電機は再び加速され，入出力の平衡を保つことができず不安定に至る。

発電機相差角 δ が発散するかある一定値に落ち着くかは，与えられた条件の下で式(6.10)を数値積分することにより求められるが，以下に述べる等面積法により安定か不安定かを決定できる。安定な場合の最大相差角 δ_m をつぎのように求める。また以下の計算では，時間などの記号は図 6.6，図 6.7 に示したものを用いる。

式(6.10)の両辺に $d\delta/dt$ を掛けて整理すると

$$\frac{1}{2} M \frac{d}{dt}\left(\frac{d\delta}{dt}\right)^2 = \omega_0 (P_m - P_e)\frac{d\delta}{dt} \tag{6.11}$$

となる。両辺を $(d\delta/dt)_{t=t_0} = 0$ であることを考慮して故障発生時から除去時，すなわち $t_0 \sim t_{c2}$ まで時間 t で積分すると

$$\frac{1}{2} M\left(\frac{d\delta}{dt}\right)^2_{t=t_{c2}} = \omega_0 \int_{\delta_0}^{\delta_c}(P_m - P_e)d\delta \tag{6.12}$$

となる。また，同様に式(6.11)の両辺を $t_{c2} \sim t_m$ まで時間 t で積分し，$(d\delta/dt)_{t=t_m} = 0$ であることを考慮すると

$$-\frac{1}{2} M \left(\frac{d\delta}{dt}\right)^2_{t=t_{c2}} = \omega_0 \int_{\delta_c}^{\delta_m}(P_m - P_e)d\delta \tag{6.13}$$

となる。式(6.12)と(6.13)より

$$\int_{\delta_0}^{\delta_c}(P_m - P_e)d\delta = \int_{\delta_c}^{\delta_m}(P_e - P_m)d\delta \tag{6.14}$$

となり，この式より最大相差角 δ_m が求められる。すなわち，式(6.12)の左辺は，故障の発生により発電機が加速状態となり，同期速度から加速し，前述の発電機に蓄積される加速（運動）エネルギーで，図 6.6 の面積 a b c g に相当

する。式(6.13)は故障除去後であり，左辺は同じ運動エネルギーに相当するものであるが，負号が付くためこれが故障除去後に放出されるエネルギーであり，前述の減速エネルギーで，図6.6の面積defgに相当する。式(6.14)は，加速エネルギーが減速エネルギーと等しくなるまでδが増加すること意味する。系統が安定ならば式(6.14)より

　　　　面積abcg＝面積defg

が成立し，この式より δ_m を決定できる。

　以上のことより，過渡安定度は図6.6において，加速エネルギーに相当する面積abcgおよび減速エネルギーとなり得る最大のエネルギーに相当する面積dhgにより

　　　　面積abcg＜面積ghd…………安　　定

　　　　面積abcg＞面積ghd…………不安定

　　　　面積abcg＝面積ghd…………臨　　界

となる。このような解析法を**等面積法**（equal area criterion）と呼ぶ。なお，加速，減速エネルギーを等しくする故障除去時間を**臨界故障除去時間**（critical clearing time）という。

　6.1節で述べた時間領域による分類の中間領域はこの領域に続く時間帯であるため，もはや発電機の電機子と界磁間の鎖交磁束の減衰を無視できなくなり，また制御系の影響が無視できなくなる。よって，次節で述べる過渡リアクタンス X_d' 背後電圧一定モデルとすることと機械的入力一定と仮定することが困難となり，等面積法のような間接法による解析法はいまのところない。したがって，この領域（過渡も含め）の解析は，式(6.10)の数値積分による直接法が基本となっている。

　ここで問題となるのは，系統の構成要素のモデルをどの程度にするかで精度が決まることである。すなわち，解析の目的や解明しようとする現象に応じて適切に選定する必要がある。

6.5 発 電 機 モ デ ル

　前述したように，同期発電機をどのように模擬するかは大きな問題である。
一般に，同期機は二反作用理論に基づく Park の式で表されるが，この式は制
動巻線回路を考慮しない場合でも 3 〜 4 の微分方程式からなるため，系統内の
発電機すべてをこの式で表すのは困難である。したがって，通常は目的に応じ
て簡略化される。Park の式については他書に譲り，ここでは安定度を理解す
るという立場から，最も簡単な発電機内部インピーダンス背後電圧一定モデル
について説明する。

　同期機は，**図 6.8** に示すように界磁磁極の位置により任意 1 相から見たイン
ダクタンスが異なるため，各相電流による磁束を**直軸**（direct axis），**横軸**
（quadrature axis）に分解する（これを d-q 変換という）ことにより，電機
子端子電圧の d，q 成分 $\dot{E}_d$，$\dot{E}_q$ が得られ，同期発電機が安定に運転している
ときは

$$\dot{E}_d = - r_a \dot{I}_d - jX_q \dot{I}_q \tag{6.15}$$

$$\dot{E}_q = - r_a \dot{I}_q - jX_d \dot{I}_d + \dot{E}_0 \tag{6.16}$$

となり，任意 1 相の端子電圧との関係は，無負荷誘導起電力 $\dot{E}_0$ を基準とすると

$$\left.\begin{array}{l} \dot{V}_a = \dot{E}_d + \dot{E}_q = E_q + jE_d \\ \dot{I}_a = \dot{I}_d + \dot{I}_q = I_q + jI_d \end{array}\right\} \tag{6.17}$$

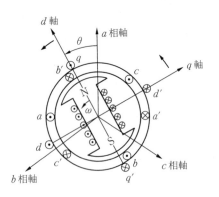

dd'：仮想の d 軸巻線
qq'：仮想の q 軸巻線

図 6.8　同期機の d，q 軸

となる。ただし，V_a，I_a は発電機端子電圧，電流，$\dot{I}_d$，$\dot{I}_q$ は I_a の d 軸，q 軸成分である。式(6.15)〜(6.17)から

$$\dot{V}_a = - r_a \dot{I}_a + X_d I_d - j X_q I_q + E_0 \tag{6.18}$$

で表される。ただし，r_a は電機子抵抗，$X_d = X_{ad} + X_{al}$，$X_q = X_{aq} + X_{al}$ と表され，それぞれ直軸（d 軸），横軸（q 軸）同期リアクタンスと呼ばれる。X_{al} は電機子巻線の漏れリアクタンス，X_{ad}，X_{aq} は直軸，横軸反作用リアクタンスである。

　同期機理論では，I_a によって生じる磁束が電機子巻線に鎖交する磁束を増減する影響（これを電機子反作用という）をリアクタンスで表現し，界磁磁束のみによって発生する起電力を E_0 としている。安定に運転しているときは，I_a の作る回転磁界の速度と界磁の速度が等しいため，界磁巻線に鎖交する磁束に変化がない。

　したがって，無負荷誘導起電力 E_0 は磁気飽和を無視すれば界磁電流 I_f に比例した起電力と考え

$$E_0 = \frac{\omega L_{af} I_f}{\sqrt{2}} \tag{6.19}$$

としている。ただし，L_{af} は界磁巻線と d 軸電機子巻線間の相互インダクタンスである。

　一般に，同期機には磁極の動揺を速やかに減衰させる目的で制動巻線を設けることがある。制動巻線の有無によって若干取扱いが異なる。

　制動巻線がない場合，外乱が発生し I_a が変化すると，界磁巻線に鎖交する磁束 ψ_f も変化しようとするが，この変化を打ち消すような I_f が流れるため，d 軸電機子巻線と界磁巻線は，変圧器作用により**図6.9**に示すように，界磁回路が d 軸電機子巻線に等価的に並列に接続されたことになる。したがって，電機子巻線端子から見た d 軸リアクタンス X_d' を求めるための等価回路は，E_f を短絡して図（b）のようになる。したがって

$$X_d' = X_{al} + \frac{X_{af}' X_{fl}'}{X_{af}' + X_{fl}'}$$

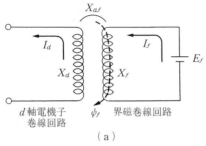

X_d：d軸電機子巻線の自己リアクタンス
　　　（直軸同期リアクタンス）
X_f：界磁巻線の自己リアクタンス
X_{af}：両巻線間の相互リアクタンス

d軸電機子　　界磁巻線回路
巻線回路

（a）

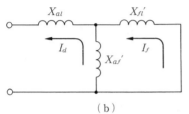

X_{al}：電機子巻線の漏れリアクタンス
$X_{fl}{'}$：界磁回路の漏れリアクタンス
　　　（電機子側換算値）
$X_{af}{'}$, $I_f{'}$, $E_f{'}$：X_{af}, I_f, E_f の電機子
　　　　　　　側換算値

（b）

図 6.9　d軸巻線の等価回路（制動巻線なし）

または

$$X_d{'} = X_d - \frac{X_{af}^{2}}{X_f} \tag{6.20}$$

したがって，式(6.16)は

$$\dot{E}_q = - r_a \dot{I}_q - jX_d{'}\dot{I}_d + E_q{'} \tag{6.21}$$

となり，式(6.18)は

$$\dot{V}_a = - r_a \dot{I}_a + X_d{'}I_d - jX_q{'}I_q + E_q{'} \tag{6.22}$$

となる。$X_d{'}$ は**直軸過渡リアクタンス**（direct axis transient reactance）と呼ばれる。q 軸には界磁巻線のような回路がないので X_q に変化はないが，過渡期間ということで $X_q{'}(= X_q)$ と表し，**横軸過渡リアクタンス**（quadrature axis transient reactance）という。また，$E_q{'}$ は過渡リアクタンス背後電圧と呼ばれるもので，式(6.18)の定常時の E_0 が界磁電流に比例するものとしたが，前述したように界磁巻線に鎖交する磁束 ψ_f が外乱直後のわずかな時間一定を保ち，この磁束により電機子巻線に発生し ψ_f に比例する起電力である。

制動巻線は，磁極頭部に誘導機のかご形巻線と同様の構造のものを設けたも

のである。したがって，界磁巻線同様安定に同期速度で運転している間は制動
巻線は磁束を切らないため，定常状態の式(6.18)にはその影響が現れていない。

　外乱が発生し I_a が変化すると，制動巻線がない場合と同様，界磁巻線およ
び d 軸制動巻線に鎖交する磁束 ψ_f，ψ_{Dd} も変化しようとするが，**図 6.10**(a)
に示すようにこの変化を打ち消すような I_f，I_{Dd} が流れるため，$X_{af} = X_{aDd}$
$= X_{fDd}$ とすれば，電機子から見た d 軸リアクタンス X_d'' を求めるための等
価回路は図(b)で表せる。したがって

$$X_d'' = X_{al} + \frac{X_{af}' X_{fl}' X_{Dld}'}{X_{af}' X_{fl}' + X_{fl}' X_{Dld}' + X_{Dld}' X_{af}'}$$

また，$X_{af} \ne X_{aDd} \ne X_{fDd}$ で，各回路の自己および相互リアクタンスを用い
ると

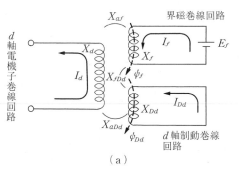

X_{Dd}：d 軸制動巻線の自己リアクタン
　　　ス
X_{aDd}：d 軸電機子巻線と d 軸制動巻
　　　　線間の相互リアクタンス
X_{fDd}：界磁巻線と d 軸制動巻線間の
　　　　相互リアクタンス

（a）

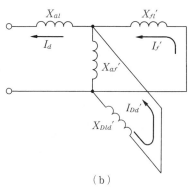

X_{Dld}'：d 軸制動巻線の漏れリアクタン
　　　　ス（電機子巻線換算値）
I_{Dd}'：I_{Dd} の電機子巻線換算値

（b）

図 6.10　d 軸巻線の等価回路（制動巻線あり）

$$X_d'' = X_d - \frac{X_{aDd}{}^2 X_f + X_{af}{}^2 X_{Dd} - 2\,X_{af} X_{fDd} X_{aDd}}{X_f X_{Dd} - X_{fDd}{}^2} \tag{6.23}$$

したがって，式(6.16)は

$$\dot{E}_q = -\,r_a \dot{I}_q - j X_d'' \dot{I}_d + \dot{E}_q'' \tag{6.24}$$

また，q 軸電機子巻線も同様で，**図6.11** に示すように q 軸制動巻線の鎖交磁束 ψ_{Dq} が一定に保たれ，電機子巻線端子から見た q 軸リアクタンス X_q'' を求めるための等価回路は図(b)となる。したがって

$$X_q'' = X_{al} + \frac{X_{aDq}{}' X_{Dlq}{}'}{X_{aDl}{}' + X_{Dlq}{}'}$$

または

$$X_q'' = X_q - \frac{X_{aDq}{}^2}{X_{Dq}} \tag{6.25}$$

したがって，式(6.15)は

$$\dot{E}_d = -\,r_a \dot{I}_d - j X_q'' \dot{I}_q + \dot{E}_d'' \tag{6.26}$$

となり，式(6.18)は

$$\dot{V}_a = -\,r_a \dot{I}_a + X_d'' I_d - j X_q'' I_q + \dot{E}_q'' + \dot{E}_d'' \tag{6.27}$$

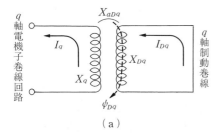

X_{Dq}：q 軸制動巻線の自己リアクタンス
X_{aDq}：q 軸電機子巻線と d 軸制動巻線間の相互リアクタンス

（a）

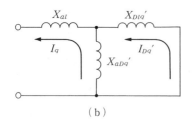

$X_{Dlq}{}'$：q 軸制動巻線の漏れリアクタンス（電機子巻線換算値）
$X_{aDq}{}'$, $I_{Dq}{}'$：X_{aDq}, I_{Dq} の電機子巻線換算値

（b）

図6.11 q 軸巻線の等価回路（制動巻線あり）

となる。X_d'', X_q'' をそれぞれ直軸および横軸**初期過渡リアクタンス** (subtransient reactance) という。E_q'' は ψ_f, ψ_{Dd} に比例する項の和で表され q 軸上にあり，E_d'' は ψ_{Dd} に比例し d 軸上にある。$\dot{E}_i'' = \dot{E}_q'' + \dot{E}_d'' = E_q'' + jE_d''$ は初期過渡リアクタンス背後電圧と呼ばれ，外乱後わずかな時間一定を保つ。

　負荷時（遅れ力率）の同期発電機のベクトル図を**図 6.12** に示す。制動巻線があり，外乱が発生する前，発電機に発生している起電力は E_0 である（式 (6.18)）が，外乱が発生すると，図 6.12 のように d, q 軸リアクタンスが X_d'', X_q'' に，起電力が E_i'' となり，式(6.27)で表される。ただし，図 6.12 では説明のため外乱が発生しても端子電圧に変化がないとしている。

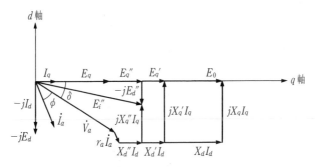

図 6.12　同期発電機のベクトル図（遅れ力率）

　一般に制動巻線の時定数のほうが界磁巻線の時定数より短いので，ごく短時間で i_D が減衰するため，d, q 軸リアクタンスが X_d', X_q' に，起電力が E_q' に変化する（式(6.22)）。さらに定常状態に至ると d, q 軸リアクタンスが X_d, X_q に，起電力が E_0 になる（式(6.18)）。このように，外乱発生からの時間経過に対して発電機リアクタンスが変化していく。

　図 6.13 に，無負荷運転中に発電機端子が三相短絡した場合の電機子電流の変化を示す。以上は突極機の現象であるが，非突極機では上述の説明を $X_d = X_q$ として考えればよい。**表 6.1** に同期発電機の代表的数値を示す。

　外乱発生後，短時間で安定または不安定に至る過渡安定度の解析には，上述

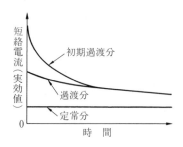

図 6.13　短絡電流交流分の変化

表 6.1　各種リアクタンスおよび時定数の代表数値

機器の種類	x_d	x_q	$x_d{}'$	$x_d{}''$	x_2	x_0	$T_{d0}{}'$	$T_d{}'$	$T_d{}''$	T_a
直接冷却タービン発電機	1.722	1.691	0.253	0.188	0.197	0.094	7.0	0.96	0.036	0.38
	1.341〜2.307	1.280〜2.170	0.179〜0.402	0.135〜0.313	0.118〜0.289	0.025〜0.177	3.0〜10.7	0.6〜1.8	0.015〜0.090	0.17〜0.68
二極タービン発電機	1.768	1.719	0.246	0.188	0.196	0.093	6.9	0.91	0.036	0.28
	0.960〜2.307	0.770〜2.182	0.132〜0.424	0.095〜0.313	0.080〜0.389	0.021〜0.181	1.9〜14.0	0.13〜2.4	0.013〜0.140	0.08〜0.68
水車発電機	1.048	0.640	0.299	0.214	0.227	0.124	6.4	1.6	0.033	0.20
	0.762〜1.667	0.420〜0.937	0.182〜0.461	0.109〜0.363	0.129〜0.370	0.059〜0.205	2.2〜13.3	0.4〜3.2	0.015〜0.070	0.063〜0.50

（注）　各種リアクタンスは単位法で表し，時定数は秒である。

のようにリアクタンスの変化を考慮して解析することになるが，発電機数の多い系統では計算が複雑になるため，実用的には**図 6.14**のような簡易等価回路（a），（b）の初期過渡または過渡リアクタンス背後電圧一定モデルを用いることが多い。非常に緩やかな擾乱に対する定態安定度の発電機モデルとしては，図（c）の X_d または X_q 背後電圧一定モデルを用いる。

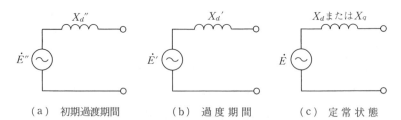

（a）　初期過渡期間　　　　（b）　過度期間　　　　（c）　定常状態

図 6.14　発電機の簡易等価回路

6.6　安定度の向上

　定態安定度を向上させるためには，6.5節で述べた同期化力係数 $dP/d\delta >$ 0 なる領域を拡大することであり，過渡安定度では加速エネルギーを小さくするか，減速エネルギーとなり得る面積（減速領域）を大きくするかである。このための方策は，定態，過渡安定度とも共通する方策があり，**表6.2** にその代表的な対策を示す。

表 6.2　安定度向上対策

安　定　度　向　上　策		定態	過渡
直列リアクタンスの減少	送電線の多回線化，多導体化など	○	○
	直列コンデンサ	○	○
	中間開閉所の設置	—	○
	高速再閉路方式	—	○
発電機入出力の平衡化	制動抵抗の設置	—	○
	タービン高速バルブ制御方式	—	○
系統電圧の維持制御	速応励磁の採用	○	○
	中間調相設備の設置	○	○
故障の高速除去	リレー，遮断器の高速化	—	○
その他	直流送電の導入	○	○

　　（注）　○：効果あり

6.6.1　発電機に対する系統の直列リアクタンスの減少

　図6.2の1機無限大系統で，送電線リアクタンス X_e，すなわち直列リアクタンスを減少させれば式(6.8)の発電機出力 P_e が増加し，定態・過渡安定度ともに向上する。

　（1）　送電線の多回線化，多導体化　　1送電ルート当たりの回線数を増加させると送電線の並列数が増すので，直列リアクタンスが減少する。また送電線1相当たりの素導体数を増加する多導体方式の採用により，第4章の線路定数に示すように送電線のリアクタンスを低減できる。そのほか発電機，変圧器

の内部インピーダンスの低減なども考えられるが，これらを適用する場合は故障時の短絡容量が増加するので，遮断器容量などの検討が必要である。

（２） **直列コンデンサ補償**　　直列コンデンサ補償は，**図 6.15** に示すように送電線に直列にコンデンサを設置し，送電線のリアクタンスを補償するものである。

図 6.15　直列コンデンサ補償

線路の誘導性リアクタンスを X_l，コンデンサの容量性リアクタンスを X_cとして，送電端から受電端までの全リアクタンス X_L を

$$X_L = X_l - X_c$$

として直列リアクタンスを減少させる。送電線のリアクタンスを補償する程度を補償度と呼び，次式で定義される。

$$補償度 = \frac{X_c}{X_l} \times 100 \quad〔\%〕$$

この補償方式は，**図 6.16** に示すように，（ａ）２回線一括補償方式と（ｂ）回線別補償方式の２種類がある。

（ａ）　２回線一括補償方式　　　　　　　（ｂ）　回線別補償方式

図 6.16　直列コンデンサの補償方式

直列コンデンサの投入方式には，**図 6.17** に示すように，（ａ）常時投入，（ｂ）故障中短絡・故障除去時投入（スイッチド補償）と（ｃ）常時投入・事故時切換方式がある。（ａ）は定態，過渡安定度に効果があり，（ｂ）は過渡安定向上のみを目的としたもので，短時間定格にできるぶん経済的である。（ｃ）は常時投入しておき，故障除去時には両回線のコンデンサを直列にし，健全回線の補償度を増加しようとするものである。

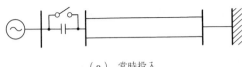

（a）　常時投入

（b）　故障中短絡・故障除去時投入

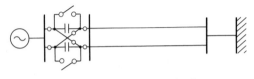

（c）　常時投入・故障除去時切換

○印の遮断器により常時並列，
故障除去時直列とする

図6.17　直列コンデンサの
投入方式

　直列コンデンサ補償は，短絡容量を増加させずに安定度が向上できるなどの利点があるが，系統リアクタンスと直列コンデンサの共振に起因する負制動現象や**低周波軸ねじれ現象**（sub-synchronous resonance，SSR）などに留意する必要がある。

（3）　**中間開閉所の設置**　　図6.18に示す2回線送電線の中間地点に，中間開閉所を設置した場合としない場合について説明する。

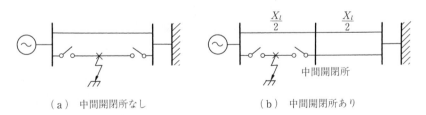

（a）　中間開閉所なし　　　　　　　　（b）　中間開閉所あり

図6.18　中間開閉所の設置

　一般に故障が発生した場合，故障回線を線路両端に設置された遮断器を開放することにより除去される。図で送受電端間の1回線当たりのリアクタンスをX_lとすると，平常時は中間開閉所を設置した場合，しない場合とも送受電端

間のリアクタンスは $X_l/2$ であるが，故障回線除去後の送受電端間のリアクタンスは設置しない場合は X_l，設置した場合は $3X_l/4$ となる。つまり，中間開閉所を設置することにより故障除去後の直列リアクタンスを低減し，図6.6の減速領域を増加でき，過渡安定度が向上する。

この場合，発電機側区間の故障に対しては，中間開閉所を中間点より発電機側に設置すると，線路の故障停止区間が局限されるので過渡安定度は向上するが，無限大母線側の区間の故障に対しては逆に過渡安定度は低下する。両区間の故障に対する安定度を同程度にするには，送電線の抵抗などを考慮すると，その設置位置は若干中間点より発電機側になる。

（4）　高速再閉路方式　　故障回線除去後の直列リアクタンスを低減するもう一つの方法には，高速再閉路方式がある。送電線に発生する事故は，雷などの過電圧により絶縁物である空気が絶縁破壊を起こし，アーク放電により地絡・短絡に至る場合が多い。この場合，故障回線を遮断し，一時的に線路を無電圧にし，アークが消滅し空気の絶縁が回復した後，速やかに遮断器を投入する（高速再閉路）と再び送電を続行できる。

したがって，図6.4の2回線送電線の場合，故障除去後の直列リアクタンスを低下でき，安定度の向上が図れる。

線路を停止してから再閉路可能となる線路の絶縁が回復するまでの時間を，無電圧時間という。線路を停止させればアークは消滅するが，空気中には残留イオンが存在するため，これが完全に消滅する前に遮断器を投入すると再びアークが発生し，再閉路失敗となる。

故障相のみを遮断する場合，残留イオンは残りの健全相から静電および電磁結合によりエネルギーの供給を受け，残留イオンの消滅する時間（消イオン時間）が長くなる傾向にある。これは送電電圧が高いほど，また遮断される送電線が長いほど長くなる。無電圧時間は 500 kV 送電線で $0.83 \sim 1.0$ 秒，275 kV 送電線で $0.35 \sim 0.8$ 秒程度である。

再閉路方式には多相再閉路方式，単相再閉路方式，三相再閉路方式がある。わが国の送電線は2回線同一鉄塔が原則であるから，2回線同時故障が発生す

ることがある。多相再閉路方式は多回線送電線に適用されるもので，事故を起こした相すべてを遮断し再閉路する方式であり，再閉路の条件は送受電端の母線電圧の位相差が著しく大きくない，すなわち同期が保たれていることが条件である。事故相遮断後の送電能力を高めるため，通常健全な相数が回線全体で異なる2相を条件としている。

単相再閉路方式は，1回線送電での1線地絡時に事故相のみを遮断するもので，遮断後残りの健全2相で送電し同期を保ち，再閉路する方式である。3相再閉路方式は故障の種類に関係なく故障回線の3相を遮断，再閉路する方式であるから，多回線送電線かまたはほかの送電ルートにより送受電端母線が接続されている場合でないと適用できない。

架空送電線の再閉路の成功率は90％以上ときわめて高く，わが国の基幹送電線で多くの採用例がある。

6.6.2　発電機の入出力の平衡化

故障の発生により一時的に発電機の電気的出力が減少し，機械的入力が過剰となり，発電機は加速し，入出力の不平衡が著しい場合は脱調に至る。したがって，過渡安定度を向上させるには，できるだけ速やかに，機械的入力を減少させるかまたは電気的出力を増加させ，発電機の加速を抑制することである。

この方法には，故障除去後の電気的出力を増加させる**制動抵抗**（DR，damping resistor）と機械的入力を速やかに制限する**タービン高速バルブ制御方式**（EVA，early valve actuation）とがある。

（1）制動抵抗　図 **6.19** に示す1機無限大系統で，故障が発生すると発電機の電気的出力は瞬時に減少するが，機械的入力は瞬時には変化しえ

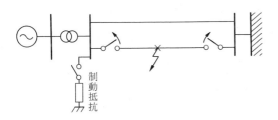

制動抵抗

図 6.19 制動抵抗

ないため入出力に不平衡が生じ，発電機は加速する。故障回線除去後，送電線のリアクタンスが故障前に比べて増加し，出力は減少するが，このとき制動抵抗を投入し発電機の加速エネルギーを吸収させることにより，過渡安定度を向上させる。

　制動抵抗は故障直後一時的な代替負荷であるから，投入効果を高めるには電圧降下の少ない地点，すなわち一般には発電機の昇圧変圧器高圧母線に設置される。制動抵抗は大容量の電力を消費する必要があるが，短時間定格でよいことなどから比較的経済的であり，第1波の抑制の効果が大きいが，故障の種類によって投入・開放の時期を適切に制御しないとかえって悪化させることがあるため，投入・開放時期に留意する必要がある。

（2）　**タービン高速バルブ制御方式**　　タービン高速バルブ制御は，故障発生時の発電機出力の低下に対して発電機への機械的入力を速やかに制限することにより，発電機の加速を抑制する方法である。機械的入力をタービンのバルブを高速に制御すれば，**図 6.20** に示すように加速エネルギーは減少，減速エネルギーは増加し，過渡安定度は向上する。

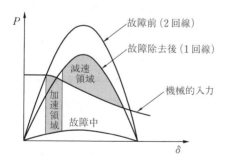

図 6.20　タービン高速バルブ
制御方式

　水車発電機では，タービンを駆動する流体が水であるため過渡安定度を向上させるほど高速に制御するのは困難である。したがって，この方法の対象は，火力，原子力などの蒸気タービンである。EVA は動揺第1波の抑制に効果があり，既設プラントであってもわずかな制御部を追加するだけの小規模の改造ですむため，経済的である。

6.6.3　発電機の端子電圧または系統電圧の適正制御

（1）　速応励磁の採用　　故障の発生などにより発電機出力が減少し，発電機は動揺する。故障除去後の過渡期間中に高速に発電機の励磁を強めれば，発電機内部誘起電圧 E_G が増加し，図 6.21（a）に示すように故障除去後の発電機出力を増加させることができ，過渡安定度は向上する。

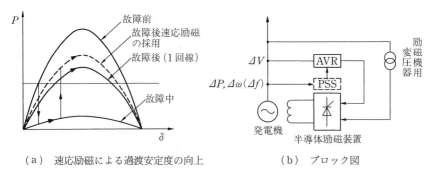

（a）　速応励磁による過渡安定度の向上　　　　　（b）　ブロック図

図 6.21　速応励磁制御方式

　AVR を含めた励磁制御系の応答速度を速めるほど動揺第 1 波の抑制効果は大きいが，第 2 波以降の減衰が悪くなり，励磁制御系を考慮した定態安定度が低下する傾向にある。これは，励磁制御系を考慮した式(6.7)の特性方程式の根の実部（系統の制動力）が小さくなり，ついには負になることに相当する。

　系統の制動力を増加し，動揺を速やかに減衰させるために，図 6.21（b）の破線に示す**系統安定化装置**（PSS，power system stabilizer）を付加する。AVR の入力信号は発電機端子電圧偏差 ΔV であるのに対し，PSS の入力信号は電力偏差 ΔP，速度偏差 $\Delta \omega$ または周波数偏差 Δf を用い，これらの動揺に応じ発電機端子電圧を制御しその電気的出力を変化させ，減衰させるものである。

（2）　中間調相設備の設置　　図 6.22（a）に示すように送電端と受電端の中間に調相設備を設け，中間母線の電圧 E_M をつねに一定に保つことができれば，中間母線を無限大母線とみなすことができるため，定態・過渡安定度とも向上する。

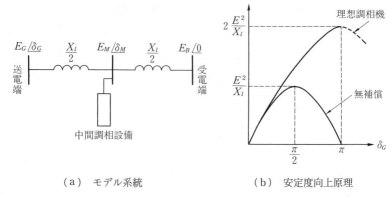

（a）　モデル系統　　　　　　（b）　安定度向上原理

図6.22　中間調相設備の設置

中間母線に調相設備を設置しない，いわゆる無補償の場合の送電電力 P_0 は

$$P_0 = \frac{E_G E_B}{X_l} \sin \delta_G$$

一方，図6.22（a）のように線路のちょうど中間に調相設備を設置した場合の送電電力 P_c は

$$P_c = 2 \frac{E_G E_M}{X_l} \sin (\delta_G - \delta_M) = 2 \frac{E_M E_B}{X_l} \sin \delta_M$$

となる。したがって，$E_G \fallingdotseq E_M \fallingdotseq E_B \fallingdotseq E$ とすれば，送電電力は $\delta_G - \delta_M = \delta_M = \pi/2$ つまり $\delta_G = \pi$ で最大となり，無補償の場合の2倍となる。これは調相容量が無限大つまり理想的な場合であり，実際の場合はこの中間である。

6.6.4　故障の高速除去

故障を高速に除去すれば故障時の加速エネルギーを低減でき，過渡安定度の向上が図れる。このためには，故障を検知する保護リレーおよび遮断器を高速化することである。

リレーを最近進歩の著しいマイクロコンピュータを組み込んだディジタル形とし，また光技術などによりリレーの信号を高速伝送できる高速リレーシステムの採用により，リレー動作時間は1.5〜2サイクル程度である。2重気圧吹

付式 SF$_6$ ガス遮断器，パッファ吹付 SF$_6$ ガス遮断器などにより，$275 \sim 500$ kV の基幹系統では，定格遮断時間は 2 サイクル程度である。

6.7　電 圧 安 定 性

通常，電力系統の電圧は，発電機出力，運転力率，負荷電力および負荷力率などに依存し，さらには系統内の調相設備や変圧器のタップ操作などの電圧制御装置により規定値に保たれている。しかし，送電線の重潮流時における負荷需要の急激な変化，あるいは事故などに起因する送電回線の停止による他回線の潮流増加などに対して無効電力のバランスが維持できなくなると，系統電圧が異常に低下する，いわゆる**電圧崩壊現象**（voltage collapse）が発生する。この現象に起因する大規模な停電事例は，1978 年（フランス），1982 年（ベルギー），1983 年（スウェーデン），1987 年（日本）に発生し，新たな問題として認識されるようになった。

（1）　***P - V 曲 線***　　電圧安定性について，**図 6.23** に示す簡単な 1 電源 1 負荷モデルで説明する。送電線を介して受電端に伝達される電力と送受電端電圧の関係は，第 5 章の電力円線図の項でも述べたように

$$P_r{}^2 + \left(Q_r + \frac{V_r{}^2}{X_l} \right)^2 = \left(\frac{V_s V_r}{X_l} \right)^2 \tag{6.28}$$

で表される。この式から受電端の電圧は

$$V_r{}^2 = \frac{V_s{}^2 - 2Q_r X_l}{2} \pm \sqrt{\left(\frac{V_s{}^2 - 2Q_r X_l}{2} \right)^2 - X_l{}^2(P_r{}^2 + Q_r{}^2)} \tag{6.29}$$

この式で送電端電圧 V_s を一定，伝達される電力の力率をパラメータとした

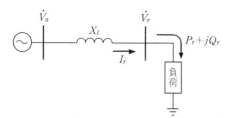

図 6.23　1 電源 1 負荷モデル

ときの受電端電圧 V_r は，$V_r > 0$ であることを考慮すると，図 6.24（a）のように

なる。この曲面は，負荷の特性には関係なく V_r を変化させたときの P_r，Q_r との関係を示すもので，いわば送電線の伝達電力特性というべきものである。

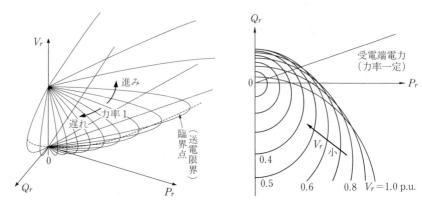

（a）　P-Q-V 曲面　　　　　（b）　V_r をパラメータとしたときの電力円線図

図 6.24　P-Q-V 特　性

したがって，受電端の電圧 V_r は負荷の電力 - 電圧特性と図 6.24（a）の P-Q-V 曲面との交点となる。ちなみに図 6.24（a）で $V_r = $ 一定とした断面は第 5 章で述べた電力円線図に相当し，各 V_r に対する断面を図 6.24（b）に示す。

図 6.23 の負荷が抵抗 R とリアクタンス X の並列回路で構成されるものとすると，負荷電力は $V_r{}^2/R$ であり，この負荷特性と P-Q-V 曲面から該当する力率に対する P-V 曲線を重ねて描くと，図 6.25 のようになる。

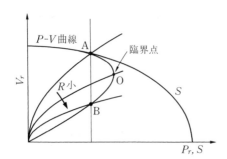

図 6.25　P-V 曲線と負荷の電圧特性
（$S = V_s I_r$：送電（皮相）電力）

この P-V 曲線は，図 6.24(a) で力率一定曲線を P_r-V_r 平面へ投影したもので，その形からノーズカーブとも呼ばれている。負荷特性と P-V 曲線の交点が運転点である。いま交点 A で運転されているものとして，X/R を一定とし負荷の抵抗 R を減少させると V_r も減少する。一方，受電電力 P_r は R の減少に伴い点 O までは増加するが，さらに R を減少させると，P_r は逆に減少していく。したがって，同じ電力を受電するための受電端電圧 V_r は二つ存在し，交点 A に相当する V_r を高め解，交点 B に相当する V_r を低め解と呼ぶ。

$V_r = 0$ の場合は受電端の短絡を意味し，電流は V_r が減少するほど大きくなっている。点 O より上の領域（高め解側）と下の領域（低め解側）とでは，種々の特性が逆転する。高め解側で負荷を増加させる場合 $1/R$ を増加させることであり，負荷を増加させるに従い受電端電圧が低下する。一方，低め解側では負荷を増加させる場合 $1/R$ を減少させることであり，負荷を増加させるに従い受電端電圧が上昇する。このことは，われわれが通常抱いている概念とは異なる。点 O を境にして特性が変化するため，ここでは点 O を臨界点と呼ぶことにする。

（2）　負荷の電圧特性と電圧安定性　　電圧安定性は，負荷の電圧特性に影響される。すなわち，電圧安定性とは，系統特性と負荷特性との交点が運転点であり，この運転点の安定性を論じることである。受電端から見た負荷は，下位系統，変電所などを介して多数の負荷機器が接続されている。これらの負荷機器を個々に表現するのは不可能であるため，受電端から見た負荷特性は，各負荷機器特性の集合体として表現するのが一般的である。系統から見た負荷の電圧特性としては，従来から次式のように電圧の指数関数で表されている。

$$P_L \propto V^n, \quad Q_L \propto V^m$$

この表現は位相角安定度などに用いられてきたもので，n，m は負荷の特性を表す指数で，n，$m = 0$ は定電力負荷といい，電圧の変化には関係なく一定電力を消費する。n，$m = 1$ は定電流負荷といい，負荷電力が電圧に比例する。n，$m = 2$ を定インピーダンス負荷といい，負荷電力が電圧の二乗に比例する。もちろんこれは運転電圧付近の特性で，電圧が 0 で電力を消費する負荷

ということではない。

定電力負荷の代表は誘導電動機，同期電動機などのモータ負荷や最近のイン
バータエアコンなどであり，定インピーダンス負荷は電灯，電熱器などであ
る。受電端から見た負荷特性は種々の負荷の集合体であるから，これらの中間
の値をとる。

図6.23の負荷が定電力特性である場合の安定性について考えてみよう。**図
6.26** に負荷が定電力特性の負荷電力 P_p，系統電力 P_r および負荷電流 I_p，系
統電流 I_r を示す。高め解側の A_0 点で安定に運転しているとき，V_r がわずか
に上昇したとする。動作点は A_1，A_1' 点に移行し，同時に負荷電流 I_p も a_1'
点に相当する電流に減少するが，V_r が A_1 点に落ち着くための系統電流 I_r は
a_1 点に相当する電流であることが必要で，負荷電流 I_p はこの電流より大きい。
したがって，送電線の電圧降下が大きく，動作点は A_1，A_1' 点からもとの運
転点 A_0 に戻ることになる。V_r がわずかに低下した場合ももとの運転点 A_0 に
戻ることになり，高め解側では安定となるが，低め解側では様子が一変する。

低め解側の B_0 点で運転している場合に V_r がわずかに上昇すると，動作点
は B_1，B_1' 点に移行する。V_r が B_1 点で落ち着くための系統電流 I_r は b_1 で
あるが，負荷電流 I_p は b_1' となり I_r より小さくなり，電圧降下が小さく V_r は

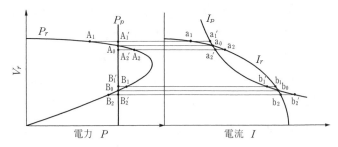

P_p：定電力負荷の消費する電力　　I_p：定電力負荷に流れる電流
P_r：受電端に伝達される電力　　　I_r：系統から受電端に流れる電流

（a）　P-V 曲線と定電力負荷　　　（b）　系統電流と定電力負荷電流
　　　　特性（力率＝1）

図6.26　定電力負荷の安定性

上昇する。V_r が上昇するとさらに負荷電流 I_p は小さくなり，V_r はさらに上昇し，ついにはもう一方の交点である A_0 点に移行することになる。これはもとの運転点に戻れないという意味で B_0 点は不安定運転点である。

つぎに，V_r がわずかに低下した場合，動作点は B_2，B_2' 点に移行する。V_r が B_2 点に落ち着くための系統電流 I_r が b_2 点の電流に対して，負荷電流 I_p は b_2' 点の電流となり，I_r より大きくなるため V_r は低下する。V_r が低下するとさらに上述のことが繰り返され，V_r の低下により負荷電流 I_p が増加し，V_r がますます低下し，ついには $V_r = 0$ となる電圧崩壊現象が起きることになる。定電力負荷の場合，低め解での運転は不安定ということがいえる。また定インピーダンス，定電流負荷は安定であることを読者自身で確認されたい。

上述のことは力率一定負荷として P-V 曲線を用いたが，実際には電圧変動に対して力率が一定とは限らないので，図 6.24(a) の P-Q-V 曲面上で議論しなくてはならない。

基幹系統の受電端の電圧は，系統電圧の変動に応じて，電力用コンデンサ，リアクトルからなる調相設備，または**負荷時電圧調整変圧器**（load-ratio transformer，LRT）などによって，ほぼ一定に維持されるのが一般的な電圧運用である。したがって，上位系統の電圧が変動した場合，負荷状態に変化がなければこれらの設備により下位系統の負荷電圧が一定に保たれるため，負荷電力も変化しない。すなわち上記の電圧制御装置の能力範囲内では，受電端から見た負荷は定電力特性を示すことになる。また，近年インバータエアコンに代表されるように，パワーエレクトロニクス技術の進展により，電源電圧が変動しても一定出力を維持するような負荷機器の普及により，系統から見た負荷特性が定電力に近い特性を示す傾向にある。このため，P-V 曲線の低め解側での運転は電圧不安定現象を誘発する。この意味で，低め解側を電圧不安定領域，また臨界点を送電限界とも呼ぶ。

（3）　電圧維持操作と電圧不安定現象　　通常，系統は P-V 曲線の臨界点 O よりはるかに上の高め解側で安定に運転されている。しかし，電圧変動を補償するための系統操作が，結果的に運転点を低め解側に移行させてしまうこと

がある。

　図6.27(a)は，調相容量により受電端の電圧を規定値に維持する場合の例である。送電端電圧 V_s および負荷力率を一定とし，調相用コンデンサ y_c を変化させた場合の P-V 曲線を図(b)に示す。図に示すように，負荷需要の増加に対し V_r を運用電圧範囲に維持するには y_c を増加させる。しかし，y_c を増していくと運転点が臨界点に近づき，ついには低め解側となり電圧崩壊に至る。実際にはここまでに至ることはないが，運転点が臨界点に近くなることおよびこの臨界点は電圧変動が大きい領域でもあることより，調相用コンデンサの投入，開放の量および時期について適正に制御する必要がある。

　図6.28(a)は，LRT により受電端（負荷）電圧を維持する場合の例である。いま，負荷は抵抗 R のみからなるものと仮定する。図(b)は変圧器の一

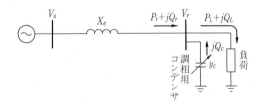

（a）　調相容量による受電電圧の維持

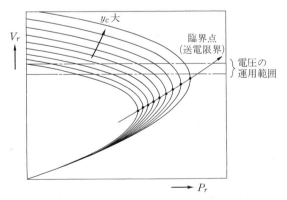

（b）　調相用コンデンサ y_c を変化させたときの P-V 曲線

図6.27　調相容量により受電端電圧 V_r を維持する場合

次側に換算した等価回路である。変圧器の巻数比 n を増加させ負荷端の電圧 V_{r2} を上昇させると，一次側から見た抵抗は，図（b）に示すように R/n^2 となり，かえって減少する結果となる。

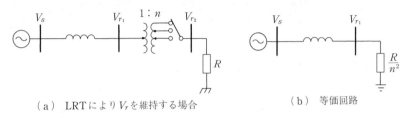

（a）　LRTにより V_r を維持する場合　　（b）　等価回路

図 6.28　LRT の逆動作現象

　図 6.25 において運転点が臨界点に近づき，n によっては低め解側まで線路側の受電端電圧 V_{r1} は低下することになる。これは負荷電圧を上げようとする目的に対し，線路側の電圧および負荷電圧を逆に低下させる結果となる。このような現象を LRT の逆動作現象と呼ばれる。

演　習　問　題

【1】　回転体の運動方程式である次式を，基準容量を S〔VA〕とする単位法で表すと式(6.1)となることを示し，単位慣性定数 M とはどのようなものか説明せよ。

$$J\frac{d\omega_M}{dt} = T_m - T_e \quad 〔\text{N·m}〕$$

ただし，J：原動機および発電機の回転部分の合成慣性モーメント〔kg·m²〕，ω_M：発電機回転子の機械角速度〔rad/s〕，T_m：原動機からの駆動トルク〔N·m〕，T_e：発電機の電気的トルク〔N·m〕である。

【2】　図 6.4 で故障が送電線のちょうど中央で発生した場合，故障中および故障除去後の伝達リアクタンス X_{GB} を求めよ。ただし，故障は三相短絡とする。

【3】　図 6.4(a) で突然 E_B が $1/k$ に低下した。発電機相差角 δ は動揺し，δ_m まで増加し，その後減少し，δ_0' で安定運転が継続された。k を δ_0 と δ_m を用いて表せ。また δ_0' を求めよ。ただし動揺中発電機入力は一定とする。

【4】　発電機の入出力に着目した安定度向上の原理について，それぞれの原理に対する向上策の例をあげ説明せよ。

【5】　図 6.23 の系統で，送電端電圧 V_s 一定，受電端力率 $\cos\phi_r$ とするとき，臨界電力 P_{r1mt} およびそのときの受電端の電圧 V_{r1mt} を求めよ。

7 故障計算と中性点接地方式

　これまでに述べてきたことは，すべて三相平衡しているとの前提で議論してきた。現実の電力系統は厳密には若干の不平衡が存在するが，これを平衡しているものと考えても支障はない。故障が発生すると，一時的に系統は不平衡となる。故障の形態としては，**一線地絡**（single line-to-ground fault），**二線地絡**（double line-to-ground fault），**線間短絡**（line-to-line fault），**三相短絡**（three-phase short circuit），**断線故障**（breaking of line）などがあり，発生頻度としては一線地絡が最も多く，三相短絡が最も少ない。また，故障のうち三相短絡は平衡故障であるため，単相回路として計算できる。その他の故障は不平衡故障であり，これらの解析には，以下に説明する対称座標法を用いるのが一般的である。

　送変電機器は大地上に設置されているため，地絡故障の発生による大地と各機器間に加わる異常電圧は，絶縁設計上重要な問題である。このため，高電圧送電系統では，発電所，変電所などの変圧器バンクの中性点を接地することが多い。

7.1　対 称 座 標 法

不平衡三相交流の電圧・電流は，**図7.1**に示すように三つの対称成分に分解

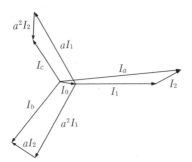

図7.1　対称分電流による
　　　相電流の合成

できる。つまり

（1）正 相 分 正相分（positive-sequence component）は，図
7.2(a)に示すように大きさが等しくそれぞれ位相が120°ずつ異なり，相順が
もとの平衡三相交流と同じで a, b, c, a ……である。

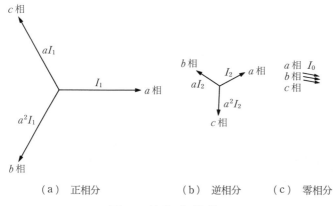

（a）正相分　　　　（b）逆相分　　（c）零相分

図7.2 対 称 分 電 流

（2）逆 相 分 逆相分（negative-sequence component）も，図
(b)に示すように大きさが等しくそれぞれ位相が120°ずつ異なるが，相順が
正相分と逆で a, c, b ……である。

（3）零 相 分 零相分（zere-sequence component）は，図(c)
に示すように大きさも位相も等しい三つの単相交流である。

　不平衡三相交流は，一つの単相回路（零相回路），二つの平衡三相回路（正
相，逆相回路）で表すことができ，これらの回路による計算結果を合成するこ
とにより a, b, c の各相の電圧・電流を知ることができる。このような解析
法を**対称座標法**（symmetrical component method）という。

　上述のことを数式で表すと

$$\begin{bmatrix} \dot{I}_a \\ \dot{I}_b \\ \dot{I}_c \end{bmatrix} = \begin{bmatrix} 1 & 1 & 1 \\ 1 & a^2 & a \\ 1 & a & a^2 \end{bmatrix} \begin{bmatrix} \dot{I}_0 \\ \dot{I}_1 \\ \dot{I}_2 \end{bmatrix} \tag{7.1}$$

あるいは

$$\boldsymbol{I}_{abc} = \boldsymbol{T}\boldsymbol{I}_{012}$$

ただし

$$\boldsymbol{I}_{abc} = [\dot{I}_a,\ \dot{I}_b,\ \dot{I}_c]^T, \quad \boldsymbol{I}_{012} = [\dot{I}_0,\ \dot{I}_1,\ \dot{I}_2]^T \tag{7.2}$$

$$\boldsymbol{T} = \begin{bmatrix} 1 & 1 & 1 \\ 1 & a^2 & a \\ 1 & a & a^2 \end{bmatrix} \tag{7.3}$$

であり，$\boldsymbol{T}$ は変換行列であり，式中の a はベクトルオペレータで，次式で表される。

$$a = e^{j120°} = -\frac{1}{2} + j\frac{\sqrt{3}}{2} \tag{7.4}$$

a, b, c 各相成分から零相，正相，逆相の各対称成分への逆変換は

$$\boldsymbol{I}_{012} = \boldsymbol{T}^{-1}\boldsymbol{I}_{abc} \tag{7.5}$$

ただし

$$\boldsymbol{T}^{-1} = \frac{1}{3}\begin{bmatrix} 1 & 1 & 1 \\ 1 & a & a^2 \\ 1 & a^2 & a \end{bmatrix} \tag{7.6}$$

以上，相電流を例にとり説明したが，相電圧についても同様のことがいえる。各相の相電圧を

$$\boldsymbol{V}_{abc} = [\dot{V}_a,\ \dot{V}_b,\ \dot{V}_c]^T, \quad \boldsymbol{V}_{012} = [\dot{V}_0,\ \dot{V}_1,\ \dot{V}_2]^T \tag{7.7}$$

とすると

$$\boldsymbol{V}_{abc} = \boldsymbol{T}\boldsymbol{V}_{012} \tag{7.8}$$

$$\boldsymbol{V}_{012} = \boldsymbol{T}^{-1}\boldsymbol{V}_{abc} \tag{7.9}$$

7.2　対称分インピーダンス

電力系統を構成する要素には，発電機，送電線，変圧器などがあるが，ここではまず，不平衡運転されている送電線について考える。

（1）送　電　線　架空送電線の3線の空間的な位置の相違による線路定数の相違を平衡化するため，適当な距離ごとに配置換えを行うことがある。これをねん架という。送電線はねん架されているものとし，説明を簡単にするため静電容量を無視する。ねん架されているため，**図 7.3** に示すように各相の自己インピーダンス z_s，各相間の相互インピーダンス z_m は等しい。各相を流れる電流の和 $\dot{I}_a + \dot{I}_b + \dot{I}_c = \dot{I}_n \neq 0$ とすると，電流は送受両端の変圧器の中性点，および大地あるいは架空地線を介して閉回路を構成する。各相の送電線の電圧降下は

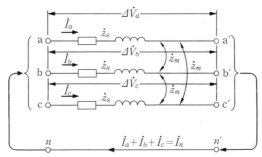

図 7.3　不平衡電流が流れたときの送電線と帰路電流

$$\begin{bmatrix} \Delta\dot{V}_a \\ \Delta\dot{V}_b \\ \Delta\dot{V}_c \end{bmatrix} = \begin{bmatrix} \dot{z}_s & \dot{z}_m & \dot{z}_m \\ \dot{z}_m & \dot{z}_s & \dot{z}_m \\ \dot{z}_m & \dot{z}_m & \dot{z}_s \end{bmatrix} \begin{bmatrix} \dot{I}_a \\ \dot{I}_b \\ \dot{I}_c \end{bmatrix} \tag{7.10}$$

または

$$\Delta\dot{V}_{abc} = \boldsymbol{Z}_{abc}\boldsymbol{I}_{abc}$$

となる。もし，各相の電流が平衡していれば $\dot{I}_a + \dot{I}_b + \dot{I}_c = \dot{I}_n = 0$ であるから，式(7.10)はつぎのように書ける。

$$\begin{bmatrix} \Delta\dot{V}_a \\ \Delta\dot{V}_b \\ \Delta\dot{V}_c \end{bmatrix} = \begin{bmatrix} \dot{z}_s - \dot{z}_m & 0 & 0 \\ 0 & \dot{z}_s - \dot{z}_m & 0 \\ 0 & 0 & \dot{z}_s - \dot{z}_m \end{bmatrix} \begin{bmatrix} \dot{I}_a \\ \dot{I}_b \\ \dot{I}_c \end{bmatrix} \tag{7.11}$$

したがって，平衡三相交流では，1相分の解析で十分となる。また，式(7.11)中の $\dot{z}_s - \dot{z}_m$ は，第4章の線路定数で述べた作用インピーダンス（作用

インダクタンス）に相当する。

不平衡の場合，式(7.10)に式(7.1)，(7.8)の関係を代入し，整理すると

$$\Delta V_{012} = T^{-1}Z_{abc}TI_{012} = Z_{012}I_{012} \tag{7.12}$$

となり，Z_{012} は

$$Z_{012} = \begin{bmatrix} \dot{z}_s + 2\dot{z}_m & 0 & 0 \\ 0 & \dot{z}_s - \dot{z}_m & 0 \\ 0 & 0 & \dot{z}_s - \dot{z}_m \end{bmatrix} = \begin{bmatrix} \dot{Z}_0 & 0 & 0 \\ 0 & \dot{Z}_1 & 0 \\ 0 & 0 & \dot{Z}_2 \end{bmatrix} \tag{7.13}$$

である。ただし，$\dot{Z}_0$：零相インピーダンス，$\dot{Z}_1$：正相インピーダンス，$\dot{Z}_2$：逆相インピーダンスであり，これらの対称分インピーダンスもまた平衡三相の場合と同様対角行列となり，零相，正相，逆相それぞれ独立に扱うことができ，式(7.10)から計算するより簡単であることがわかる。

この対称分インピーダンスは，一般的にはつぎのように求める。**図7.4**(a)のように，例えば送電端に大きさが等しく同相の零相電流を各相に流す。各相の電圧降下は，式(7.10)で $\dot{I}_a = \dot{I}_b = \dot{I}_c = \dot{I}_0$ とすれば等しくなり

$$\Delta \dot{V}_0 = \Delta \dot{V}_{a0} = \Delta \dot{V}_{b0} = \Delta \dot{V}_{c0} = (\dot{z}_s + 2\dot{z}_m)\dot{I}_0 \tag{7.14}$$

となる。したがって，送電線の零相インピーダンス Z_0 は

$$\dot{Z}_0 = \frac{\Delta \dot{V}_0}{\dot{I}_0} = \dot{z}_s + 2\dot{z}_m \tag{7.15}$$

正相，逆相分についても同様に，図7.4(b)，(c)に示すように各相線路に平衡した正相電流，逆相電流を流したときの電圧降下は式(7.10)で，$\dot{I}_a = \dot{I}_1$，$\dot{I}_b = a^2\dot{I}_1$，$\dot{I}_c = a\dot{I}_1$ および $\dot{I}_a = \dot{I}_2$，$\dot{I}_b = a\dot{I}_2$，$\dot{I}_c = a^2\dot{I}_2$ とすると

$$\dot{Z}_1 = \dot{Z}_2 = \dot{z}_s - \dot{z}_m \tag{7.16}$$

となり，Z_0，Z_1，Z_2 は式(7.13)と一致する。

このことからわかるように，対称分インピーダンスは，各対称分電流の経路に沿ったインピーダンスである。したがって，これらのインピーダンスはテブナンの定理でいうところの，のぞき込みインピーダンスに相当する。

（2） 同 期 発 電 機 中性点が接地された同期発電機について考える。

A 正相リアクタンス 回転子磁極を同期速度で回転させた状態で発電機

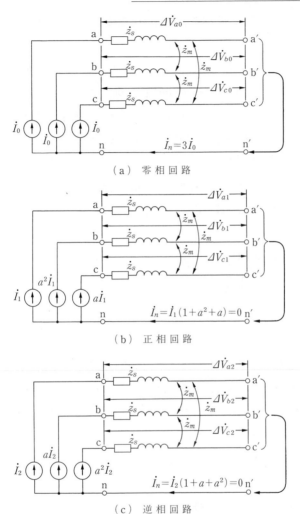

（a）零相回路

（b）正相回路

（c）逆相回路

図7.4　送電線の対称分回路

端子に正相分電流を流したときの，1相分のリアクタンスである。正相分電流は，発電機が平衡運転している場合と同じ相順 $abca$……であるから，電機子電流の作る基本波回転磁界の回転速度と方向は，界磁磁極の回転速度，方向とも一致する。したがって，定常状態における正相リアクタンスは平衡運転している場合と同じで，同期リアクタンス X_s と同一であり，通常は6.5節に述

べたように X_d を用い，初期過渡・過渡時では X_d''，X_d' を用いるのが一般的である。

B　逆相リアクタンス　　正相の場合と同じ状態で，発電機端子には正相分とは逆の相順 $a\,c\,b\,a$ ……なる逆相分電流を流したときの1相分のインピーダンスが，逆相インピーダンスである。電機子巻線に逆相電流を流すと，回転磁界の回転方向は正相の場合と逆方向に同期速度で回転する。したがって，界磁回路は，電機子電流が作る回転磁束に対して同期速度の2倍の速度をもつことになるから，界磁回路には2倍周波数の誘導電流が流れ，結果的に電機子巻線には基本周波数と3倍周波数の磁束が鎖交することになる。

　一般的には基本周波数の磁束から求めたリアクタンスで十分であるとされている。すなわち，逆相リアクタンスは

$$X_2 = \frac{X_d'' + X_q''}{2}$$

ただし，X_d''，X_q''，X_d'，X_q' については6.5節に述べたとおりである。

C　零相リアクタンス　　正相，逆相インピーダンスの場合と同様，発電機端子に大きさが等しく，同相の零相電流を流したときの1相分のインピーダンスと定義される。この場合，電機子にまったく同一の起磁力が生じるから，その基本波磁束は零となる。したがって，零相リアクタンス X_0 は電機子の漏れリアクタンスのみとなるが，実際にはこの値より小さい。

　正相，逆相，零相インピーダンスとしては，上記のリアクタンスに実効抵抗を直列したものである。各リアクタンスの代表的数値を6.5節の表6.1に示す。

D　同期発電機の対称分等価回路　　図7.5に示すように，不平衡で運転している場合の発電機を考えてみる。発電機の（無負荷）誘導起電力 $[\dot{E}_a,\ \dot{E}_b,\ \dot{E}_c]^T$ と端子電圧 $[\dot{V}_a,\ \dot{V}_b,\ \dot{V}_c]^T$ の関係は

$$\begin{bmatrix} \dot{V}_a \\ \dot{V}_b \\ \dot{V}_c \end{bmatrix} = \begin{bmatrix} \dot{E}_a \\ \dot{E}_b \\ \dot{E}_c \end{bmatrix} - \begin{bmatrix} \varDelta \dot{V}_a \\ \varDelta \dot{V}_b \\ \varDelta \dot{V}_c \end{bmatrix} - \begin{bmatrix} \dot{Z}_g \dot{I}_n \\ \dot{Z}_g \dot{I}_n \\ \dot{Z}_g \dot{I}_n \end{bmatrix} \tag{7.17}$$

ただし，$[\varDelta \dot{V}_a,\ \varDelta \dot{V}_b,\ \varDelta \dot{V}_c]^T$ は，端子 g と a，b，c 間の電圧降下である。

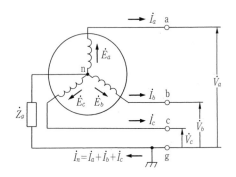

図7.5 三相同期発電機の
不平衡運転

式(7.17)の両辺に式(7.6)の逆変換行列 T^{-1} を掛けると

$$\begin{bmatrix} \dot{V}_0 \\ \dot{V}_1 \\ \dot{V}_2 \end{bmatrix} = \begin{bmatrix} \dot{E}_0 \\ \dot{E}_1 \\ \dot{E}_2 \end{bmatrix} - \begin{bmatrix} \varDelta\dot{V}_0 \\ \varDelta\dot{V}_1 \\ \varDelta\dot{V}_2 \end{bmatrix} - \begin{bmatrix} 3\dot{Z}_g\dot{I}_0 \\ 0 \\ 0 \end{bmatrix} = \begin{bmatrix} \dot{E}_0 \\ \dot{E}_1 \\ \dot{E}_2 \end{bmatrix} - \begin{bmatrix} \dot{Z}_0\dot{I}_0 \\ \dot{Z}_1\dot{I}_1 \\ \dot{Z}_2\dot{I}_2 \end{bmatrix} - \begin{bmatrix} 3\dot{Z}_g\dot{I}_0 \\ 0 \\ 0 \end{bmatrix} \tag{7.18}$$

$[\varDelta\dot{V}_0,\ \varDelta\dot{V}_1,\ \varDelta\dot{V}_2]^T$ は，上述した発電機に流れる不平衡電流 $\dot{I}_a$, $\dot{I}_b$, $\dot{I}_c$ に含まれる対称分電流 $\dot{I}_0$, $\dot{I}_1$, $\dot{I}_2$ による電圧降下である。また，発電機の電機子巻線は固定子に対称に，電気角で120°間隔で配置されているため，$\dot{E}_a = \dot{E}_a$, $\dot{E}_b = a^2\dot{E}_a$, $\dot{E}_c = a\dot{E}_a$ なる対称三相交流電圧である。したがって，式(7.18)は

$$\begin{bmatrix} \dot{V}_0 \\ \dot{V}_1 \\ \dot{V}_2 \end{bmatrix} = \begin{bmatrix} 0 \\ \dot{E}_a \\ 0 \end{bmatrix} - \begin{bmatrix} (\dot{Z}_0 + 3\dot{Z}_g)\dot{I}_0 \\ \dot{Z}_1\dot{I}_1 \\ \dot{Z}_2\dot{I}_2 \end{bmatrix} \tag{7.19}$$

となる。この式より，各対称分の等価回路を描くと，**図7.6**に示すようになる。

この等価回路および式(7.19)は，テブナンの定理からも考えることができる。まず，発電機の無負荷時の端子電圧を測定する。この場合，電圧降下が零であるから，この電圧は前述の誘導起電力 $\dot{E}_a$, $\dot{E}_b$, $\dot{E}_c$ に相当する。これを式(7.6)の逆変換行列により対称分電圧 $\dot{E}_0$, $\dot{E}_1$, $\dot{E}_2$ に変換する。つぎに，**A，B，C**で述べたように各対称分インピーダンスを求める。したがって，テブナンの定理より，図7.6に示す各対称分の等価回路が描ける。このことは，次節に述べる故障計算の基本となる考え方である。

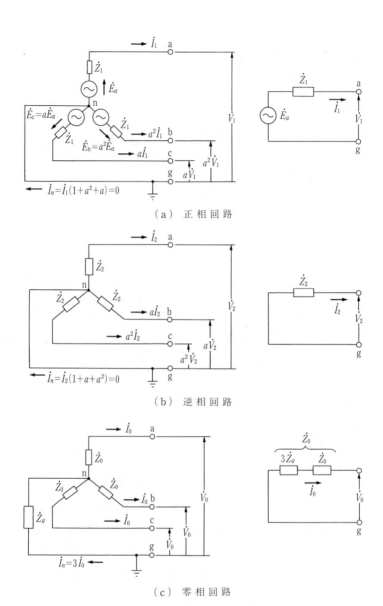

（a） 正 相 回 路

（b） 逆 相 回 路

（c） 零 相 回 路

図 7.6 発電機の対称分等価回路

（**3**） **変 圧 器**　変圧器の対称分インピーダンスも，送電線，発電機と同様，各対称分電流の流れに沿ったインピーダンスと定義できる。ただし，変圧器の励磁電流は非常に小さいものとし励磁回路を無視する。

変圧器は静止機器であるから，正相または逆相電流を流したときの電流経路は（相順は異なるが，対称三相電流）同じである。したがって，変圧器の正相インピーダンス Z_1 および，逆相インピーダンス Z_2 は等しく，漏れインピーダンス Z_t に等しい。

$$\dot{Z}_1 = \dot{Z}_2 = \dot{Z}_t \tag{7.20}$$

零相インピーダンスは，**図7.7** に示すように結線法および中性点が接地されているか否かにより異なる。変圧器の零相回路は，一次または二次端子に大きさ，位相とも等しい零相電流を流し，どちらかの端子を短絡接地した場合（図では一次端子に電流を流し，二次端子を短絡接地している）を考えると理解しやすい。

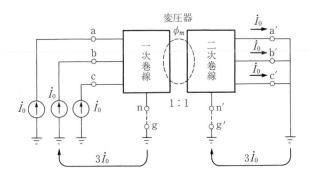

図7.7　変圧器の零相回路

図7.8 はこのようにして求めた各種結線法における零相回路を示したものである。ただし，説明を簡単にするため巻数比は1：1としている。図に示すように，大地と各端子間に電流を流すため中性点から大地に電流路がない場合，つまり接地されていない場合は，電流が流れないから一次と二次端子間は開放状態となる。

図（b）は一次巻線の中性点ｎが接地されているため零相電流が流れそうで

	変圧器結線	零相回路（1相分）
（a）		
（b）		
（c）		
（d）		
（e）		
（f）		

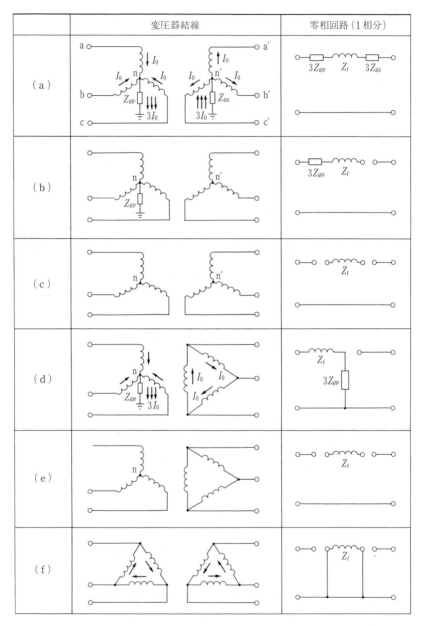

図 7.8　変圧器の零相インピーダンス

あるが，二次巻線が非接地であるため二次巻線に電流が流れない。このため一次側にも電流が流れない。また図（d）では，図（b）と違って二次側に電流が流れる。しかし，各巻線に誘導される電流は，大きさ，位相とも等しいため，キルヒホッフの第1法則より，二次側のΔ結線された巻線から外部端子への電流は零となる。したがって，図に示すように，一次端子と大地間にはインピーダンスが存在するが，一 – 二次端子間は開放状態である。

7.3 故 障 計 算

ここではまず，一線地絡，二線地絡，線間短絡などの並列故障の計算法について述べる。

図7.9（a）に示すような送電線のF点での故障，例えばZ_fを伴う一線地絡が発生したとしよう。この場合，電気的には図（b）に示すように，故障点において各相から仮想端子a，b，cを引き出し，端子aと大地g間にインピーダンスZ_fを挿入することによって，故障を模擬できる。したがって，端子aから流出する電流は，テブナンの定理により計算できる。

テブナンの定理による手順は

（1）　故障が発生する前の故障点Fの相電圧を求め，これを$\dot{E}_a$，$\dot{E}_b$，$\dot{E}_c$とする。

（2）　端子a，b，c，gから見た零相，正相，逆相インピーダンス$\dot{Z}_0$，$\dot{Z}_1$，$\dot{Z}_2$を求める。

故障が発生する前の相電圧は平衡していると考えられるから$\dot{E}_a = \dot{E}_a$，$\dot{E}_b = a^2\dot{E}_a$，$\dot{E}_c = a\dot{E}_a$である。

したがって，テブナンの定理による対称分等価回路は，図7.6に示す発電機の対称分等価回路と同じになり，故障を解析する基本式は式（7.19）である。ただしこの場合，故障前の故障点電圧は予測不能であるから，一般的には送電系統は定電圧送電であるからこれを公称電圧と考え，1 p.u.として計算する。

以下に一線地絡および三相短絡（地絡）の計算法を示す。ほかの並列故障に

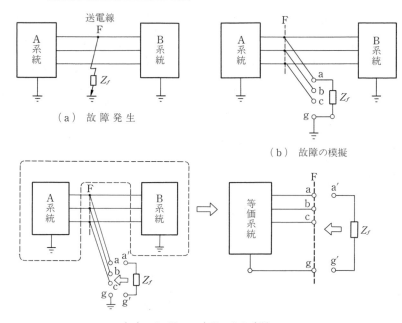

（a） 故 障 発 生

（b） 故障の模擬

（c） テブナンの定理による手順

図 7.9 故 障 の 計 算 法

ついては，以下を参考に読者自身で計算されたい。

（1） 一 線 地 絡　図 7.10 のように a 相で故障インピーダンス Z_f を伴う一線地絡が発生した場合，故障点 F から引き出した仮想端子の各相の相（対地）電圧および電流を $\dot{V}_a$, $\dot{V}_b$, $\dot{V}_c$ および $\dot{I}_a$, $\dot{I}_b$, $\dot{I}_c$ とすると，一線地絡の条件は

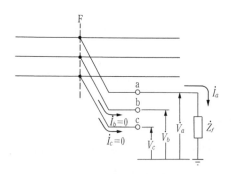

図 7.10 一線地絡故障

$$\dot{V}_a = \dot{Z}_f \dot{I}_a, \quad \dot{I}_b = \dot{I}_c = 0 \tag{7.21}$$

となる。式(7.21)を対称成分に変換し，式(7.19)より，対称分電流は

$$\dot{I}_0 = \dot{I}_1 = \dot{I}_2 = \frac{\dot{E}_a}{\dot{Z}_0 + \dot{Z}_1 + \dot{Z}_2 + 3\dot{Z}_f} \tag{7.22}$$

となる。仮想端子の対称分電圧は，式(7.22)を(7.19)に代入して

$$\left.\begin{array}{l}
\dot{V}_0 = \dfrac{-\dot{Z}_0}{\dot{Z}_0 + \dot{Z}_1 + \dot{Z}_2 + 3\dot{Z}_f}\dot{E}_a \\[3mm]
\dot{V}_1 = \dfrac{\dot{Z}_0 + \dot{Z}_2 + 3\dot{Z}_f}{\dot{Z}_0 + \dot{Z}_1 + \dot{Z}_2 + 3\dot{Z}_f}\dot{E}_a \\[3mm]
\dot{V}_2 = \dfrac{-\dot{Z}_2}{\dot{Z}_0 + \dot{Z}_1 + \dot{Z}_2 + 3\dot{Z}_f}\dot{E}_a
\end{array}\right\} \tag{7.23}$$

故障相 a から大地に流出する一線地絡電流 $\dot{I}_a$ は，式(7.22)より

$$\dot{I}_a = \dot{I}_0 + \dot{I}_1 + \dot{I}_2 = 3\dot{I}_0 = \frac{3\dot{E}_a}{\dot{Z}_0 + \dot{Z}_1 + \dot{Z}_2 + 3\dot{Z}_f} \tag{7.24}$$

また，一線地絡時の健全相の電圧は

$$\left.\begin{array}{l}
\dot{V}_b = \dot{V}_0 + a^2\dot{V}_1 + a\dot{V}_2 = \dfrac{(a^2-1)\dot{Z}_0 + (a^2-a)\dot{Z}_2 + 3a^2\dot{Z}_f}{\dot{Z}_0 + \dot{Z}_1 + \dot{Z}_2 + 3\dot{Z}_f}\dot{E}_a \\[3mm]
\dot{V}_c = \dot{V}_0 + a\dot{V}_1 + a^2\dot{V}_2 = \dfrac{(a-1)\dot{Z}_0 + (a-a^2)\dot{Z}_2 + 3a\dot{Z}_f}{\dot{Z}_0 + \dot{Z}_1 + \dot{Z}_2 + 3\dot{Z}_f}\dot{E}_a
\end{array}\right\}$$
$$\tag{7.25}$$

となる。

（**2**）　**三　相　短　絡**　図**7.11**に示すように，三相が同一のインピーダンス Z_f を介して短絡した場合を仮定する。$Z_f = 0$ とすれば完全短絡であり，多くの場合アーク抵抗を通じて短絡している。この場合の条件は

$$\dot{V}_a = \dot{I}_a\dot{Z}_f, \quad \dot{V}_b = \dot{I}_b\dot{Z}_f, \quad \dot{V}_c = \dot{I}_c\dot{Z}_f, \quad \dot{I}_a + \dot{I}_b + \dot{I}_c = 0 \tag{7.26}$$

となるから，対称分電流は

$$\dot{I}_0 = \frac{1}{3}(\dot{I}_a + \dot{I}_b + \dot{I}_c) = 0, \quad \dot{I}_1 = \frac{\dot{E}_a}{\dot{Z}_1 + \dot{Z}_f}, \quad \dot{I}_2 = 0 \tag{7.27}$$

対称分電圧は

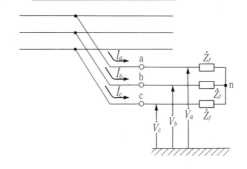

図7.11 三相短絡故障

$$\dot{V}_0 = \frac{1}{3}(\dot{V}_a + \dot{V}_b + \dot{V}_c) = \frac{1}{3}(\dot{I}_a + \dot{I}_b + \dot{I}_c)\dot{Z}_f = \dot{I}_0\dot{Z}_f = 0$$

$$\dot{V}_1 = \frac{1}{3}(\dot{V}_a + a\dot{V}_b + a^2\dot{V}_c) = \frac{1}{3}(\dot{I}_a + a\dot{I}_b + a^2\dot{I}_c)\dot{Z}_f = \dot{I}_1\dot{Z}_f$$

$$\dot{V}_2 = \frac{1}{3}(\dot{V}_a + a^2\dot{V}_b + a\dot{V}_c) = \frac{1}{3}(\dot{I}_a + a^2\dot{I}_b + a\dot{I}_c)\dot{Z}_f = \dot{I}_2\dot{Z}_f = 0$$

$$(7.28)$$

各相に流れる電流は

$$\dot{I}_a = \dot{I}_1 = \frac{\dot{E}_a}{\dot{Z}_1 + \dot{Z}_f}, \quad \dot{I}_b = a^2\dot{I}_1 = \frac{a^2\dot{E}_a}{\dot{Z}_1 + \dot{Z}_f}$$

$$\dot{I}_c = a\dot{I}_1 = \frac{a\dot{E}_a}{\dot{Z}_1 + \dot{Z}_f}$$

$$(7.29)$$

となる。各相の電圧は，式(7.29)の各相の電流に Z_f を掛けたものとなる。すなわち，故障相の電流・電圧とも正相分のみである。したがって，このような故障は三相平衡故障であり，正相分等価回路のみ，すなわち通常の平衡三相回路の解法で求めることができる。

7.4 対称分回路とインピーダンス

7.3節で，不平衡故障の解法について述べた。ここでは，**図7.12**に示す送電系統について具体的に各対称分等価回路，およびインピーダンス Z_0, Z_1, Z_2 を考える。

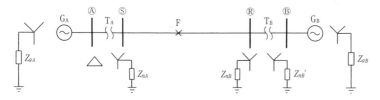

（ a ）　送 電 系 統

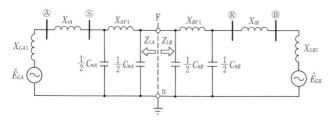

（ b ）　正 相 回 路

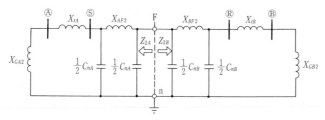

（ c ）　逆 相 回 路

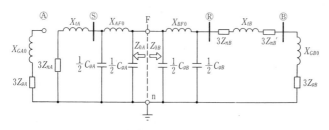

（ d ）　零 相 回 路

図 7.12　各対称分等価回路

　図（ a ）の送電線の F 点で不平衡故障が発生した場合の各相の等価回路を，
図（ b ），（ c ），（ d ）に示す。正相，逆相回路では，7.2 節で述べたように起電
力を短絡した状態で，故障点に対称三相電流を流したときのインピーダンスに

より図（b），（c）のようになる。ただし，正相と逆相では相順が異なるから，発電機インピーダンスが異なる。また，発電機には逆相起電力は存在しないので，逆相分等価回路には起電力は存在しない。

7.2節の送電線の項では述べなかったが，送電線には静電容量がある。正相，逆相回路では3相が平衡しているから，図（b），（c）の C_n は，第4章で述べた作用静電容量である。ただし，図では送電線は π 形等価回路としている。F‐n 間から見た左側の正相分と逆相分のインピーダンスをそれぞれ Z_{1A}，Z_{2A}，右側のインピーダンスを Z_{1B}，Z_{2B} とすれば，正相・逆相インピーダンス Z_1，Z_2 は両者の並列回路となるから

$$\dot{Z}_1 = \frac{\dot{Z}_{1A}\dot{Z}_{1B}}{\dot{Z}_{1A} + \dot{Z}_{1B}}, \quad \dot{Z}_2 = \frac{\dot{Z}_{2A}\dot{Z}_{2B}}{\dot{Z}_{2A} + \dot{Z}_{2B}} \tag{7.30}$$

零相回路でも，零相電流を7.2節のように故障点に流したときの電流の流れる経路から図（d）のようになる。

零相回路で注意することは，変圧器結線により電流経路が異なる。例えば，7.2節の変圧器の項でも述べたように，変圧器 T_A の発電機側の巻線が Δ 結線となっているため，零相電流が循環し，発電機側へ電流が流れないため，発電機 G_A の零相リアクタンス X_{GA0}，接地インピーダンス Z_{gA} が含まれない。一方，変圧器 T_B は一次・二次巻線とも Y 結線であるため，図（d）のように発電機 G_B の零相リアクタンス X_{GB0}，接地インピーダンス Z_{gB} が含まれる。

零相回路の静電容量は，送電線がねん架されているものとすれば，**図7.13**に示すように各相線路の電圧は大きさ，位相とも等しいから，線間の静電容量

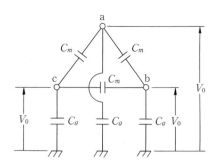

図7.13　送電線の静電容量

C_m には電流が流れなく，各線と大地間の静電容量 C_g にのみ流れるから，送電線の静電容量は各線路と大地間の静電容量 C_g となる。F‐n間から見た左側の零相分のインピーダンスを Z_{0A}，右側のインピーダンスを Z_{0B} とすれば，零相インピーダンス Z_0 は正相・逆相回路と同様

$$\dot{Z}_0 = \frac{\dot{Z}_{0A}\dot{Z}_{0B}}{\dot{Z}_{0A} + \dot{Z}_{0B}} \tag{7.31}$$

7.5 断 線 故 障

ここでは，断線故障のような直列故障の計算法について説明する。**図7.14** のように送電線のF点で断線故障が発生した場合も，またテブナンの定理により計算できる。すなわち，3線すべてを開放し，故障点より左のA側および右のB側について，それぞれテブナンの等価回路を考える。

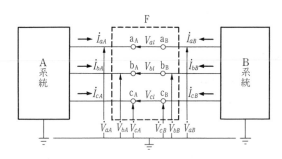

図7.14 断 線 故 障

3線を開放した各対称分の等価回路は，**図7.15** のようになる。この回路の開放端子間電圧の零相分，正相分，逆相分電圧 $\dot{V}_{0l}$，$\dot{V}_{1l}$，$\dot{V}_{2l}$ は，図7.14 の開放端子間の電圧が

$$\dot{V}_{al} = \dot{V}_{aA} - \dot{V}_{aB}, \quad \dot{V}_{bl} = \dot{V}_{bA} - \dot{V}_{bB}, \quad \dot{V}_{cl} = \dot{V}_{cA} - \dot{V}_{cB} \tag{7.32}$$

であるから

$$\dot{V}_{0l} = \dot{V}_{0A} - \dot{V}_{0B}, \quad \dot{V}_{1l} = \dot{V}_{1A} - \dot{V}_{1B}, \quad \dot{V}_{2l} = \dot{V}_{2A} - \dot{V}_{2B} \tag{7.33}$$

また，3線を開放した状態では

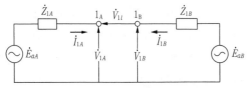

（a）　正 相 回 路

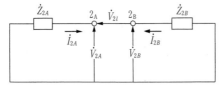

（b）　逆 相 回 路

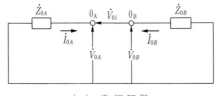

図 7.15 断線故障時の
　　　　対称分回路

（c）　零 相 回 路

$$\dot{I}_{aA} + \dot{I}_{aB} = 0, \quad \dot{I}_{bA} + \dot{I}_{bB} = 0, \quad \dot{I}_{cA} + \dot{I}_{cB} = 0 \tag{7.34}$$

となるから，電流の対称成分も

$$\dot{I}_{0A} = -\dot{I}_{0B}, \quad \dot{I}_{1A} = -\dot{I}_{1B}, \quad \dot{I}_{2A} = -\dot{I}_{2B} \tag{7.35}$$

となる。また，図 7.15 より A 側の基本式は

$$\left.\begin{array}{l}
\dot{V}_{0A} = -\dot{Z}_{0A}\dot{I}_{0A} \\
\dot{V}_{1A} = \dot{E}_{aA} - \dot{Z}_{1A}\dot{I}_{1A} \\
\dot{V}_{2A} = -\dot{Z}_{2A}\dot{I}_{2A}
\end{array}\right\} \tag{7.36}$$

B 側の基本式

$$\left.\begin{array}{l}
\dot{V}_{0B} = -\dot{Z}_{0B}\dot{I}_{0B} \\
\dot{V}_{1B} = \dot{E}_{aB} - \dot{Z}_{1B}\dot{I}_{1B} \\
\dot{V}_{2B} = -\dot{Z}_{2B}\dot{I}_{2B}
\end{array}\right\} \tag{7.37}$$

式（7.36）と（7.37）を式（7.33）に代入すると

$$\left.\begin{array}{l} \dot{V}_{0l} = -(\dot{Z}_{0A} + \dot{Z}_{0B})\dot{I}_{0A} \\ \dot{V}_{1l} = (\dot{E}_{aA} - \dot{E}_{aB}) - (\dot{Z}_{1A} + \dot{Z}_{1B})\dot{I}_{1A} \\ \dot{V}_{2l} = -(\dot{Z}_{2A} + \dot{Z}_{2B})\dot{I}_{2A} \end{array}\right\} \tag{7.38}$$

となる。ここで，インピーダンスについて

$$\dot{Z}_{0l} = \dot{Z}_{0A} + \dot{Z}_{0B}, \quad \dot{Z}_{1l} = \dot{Z}_{1A} + \dot{Z}_{1B}, \quad \dot{Z}_{2l} = \dot{Z}_{2A} + \dot{Z}_{2B}$$

さらに，開放端子間に流れる電流（例えば，一線断線の場合，断線していない相の電流は流れる）について

$$\dot{I}_{0l} = \dot{I}_{0A} = -\dot{I}_{0B}, \quad \dot{I}_{1l} = \dot{I}_{1A} = -\dot{I}_{1B}, \quad \dot{I}_{2l} = \dot{I}_{2A} = -\dot{I}_{2B}$$

と定義すると式(7.38)は

$$\left.\begin{array}{l} \dot{V}_{0l} = -\dot{Z}_{0l}\dot{I}_{0l} \\ \dot{V}_{1l} = \dot{E}_{al} - \dot{Z}_{1l}\dot{I}_{1l} \\ \dot{V}_{2l} = -\dot{Z}_{2l}\dot{I}_{2l} \end{array}\right\} \tag{7.39}$$

　この式が断線故障の場合の基本式となる。ただし，$\dot{E}_{al} = \dot{E}_{aA} - \dot{E}_{aB}$ であり，A 側，B 側の起電力の差である。式(7.39)は

$$\dot{V}_{al} \to \dot{V}_a, \quad \dot{V}_{bl} \to \dot{V}_b, \quad \dot{V}_{cl} \to \dot{V}_c$$

$$\dot{I}_{al} = \dot{I}_{aA} \to \dot{I}_a, \quad \dot{I}_{bl} = \dot{I}_{bA} \to \dot{I}_b, \quad \dot{I}_{cl} = \dot{I}_{cA} \to \dot{I}_c$$

$$\dot{Z}_{0l} \to \dot{Z}_0, \quad \dot{Z}_{1l} \to \dot{Z}_1, \quad \dot{Z}_{2l} \to \dot{Z}_2$$

$$\dot{E}_{al} = \dot{E}_{aA} - \dot{E}_{aB} \to \dot{E}_a$$

とすれば，並列故障の基本式(7.19)と各変数の定義は異なるが，同じ形であることがわかる。

（1）一 線 断 線　a 相が断線した場合，図 7.14 で端子 b_A と b_B，c_A と c_B が短絡したものと等価であるから，断線点における線路は**図 7.16** のようになる。この場合の条件式は

$$\dot{V}_{bl} = \dot{V}_{cl} = 0, \quad \dot{I}_{al} = 0 \tag{7.40}$$

となる。ちなみにこの条件は，式(7.39)の基本式に対して，並列故障の基本式(7.19)に対する故障インピーダンス $\dot{Z}_f = 0$ とした二線地絡の条件と同じである。断線点間の電圧は

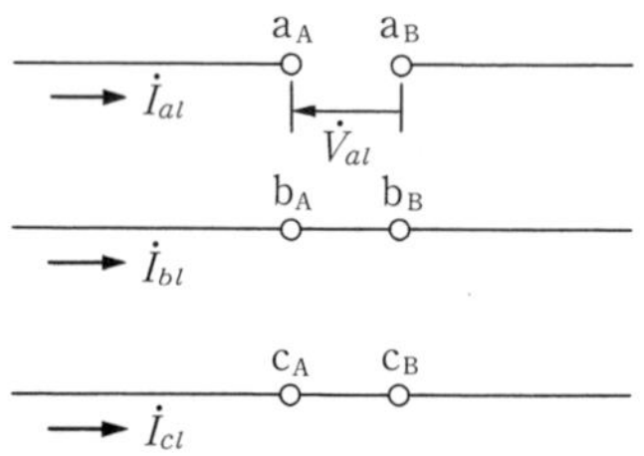

図 7.16 　一線断線

$$\dot{V}_{0l} = \dot{V}_{1l} = \dot{V}_{2l} \tag{7.41}$$

となり

$$\dot{V}_{al} = 3\dot{V}_{0l} = \frac{3\,\dot{Z}_{0l}\dot{Z}_{2l}}{\dot{Z}_{0l}\dot{Z}_{1l} + \dot{Z}_{0l}\dot{Z}_{2l} + \dot{Z}_{1l}\dot{Z}_{2l}}\,\dot{E}_{al} \tag{7.42}$$

また，健全線 b, c 相を流れる電流は

$$\dot{I}_{bl} = \frac{(a^2 - a)\dot{Z}_{0l} + (a^2 - 1)\dot{Z}_{2l}}{\dot{Z}_{0l}\dot{Z}_{1l} + \dot{Z}_{0l}\dot{Z}_{2l} + \dot{Z}_{1l}\dot{Z}_{2l}}\,\dot{E}_{al} \tag{7.43}$$

$$\dot{I}_{cl} = \frac{(a - a^2)\dot{Z}_{0l} + (a - 1)\dot{Z}_{2l}}{\dot{Z}_{0l}\dot{Z}_{1l} + \dot{Z}_{0l}\dot{Z}_{2l} + \dot{Z}_{1l}\dot{Z}_{2l}}\,\dot{E}_{al} \tag{7.44}$$

となる。

7.6　中性点接地方式

　中性点を接地した系統で不平衡地絡故障が発生すると，大地を帰路とする地絡電流が流れ，中性点電流として現れる。この電流は接地インピーダンスの大きさに依存し，大地に対する中性点電位の上昇を左右する。変圧器の中性点を接地するおもな目的は

（1）　地絡故障による健全相の異常電圧を抑制し，線路および送変電機器の絶縁レベルを軽減する。

（2）　地絡故障時の保護継電器の動作を確実にする。

（3）　消弧リアクトル接地方式では，アークによる一線地絡故障時，早期にアークを消滅させ，送電の継続を可能にする。

中性点接地方式を大別すると

（1）　非接地方式

（2）　抵抗接地方式

（3）　直接接地方式

（4）　消弧リアクトル接地方式

などがある。

　前述したように，中性点を低インピーダンスで接地すると，地絡故障時，中性点電位の上昇が抑えられるため，異常電圧は抑制され，線路や機器の絶縁レベルを軽減でき，また地絡電流が大きいため，これを捕捉する保護継電器の動作が確実となる。反面，過渡安定度の低下，地絡電流による通信線への電磁誘導障害，故障箇所への損傷，遮断器の遮断容量の増大などが問題となり，この観点からは高インピーダンス接地が有利となる。

　このように接地インピーダンスの高低により，有利，不利となる点が相反することになる。したがって，中性点接地方式は，電圧階級，送電距離など個々の系統に合わせて，これらの点に留意して決定されている。

7.7　一線地絡時の健全相電圧

　送電線における故障のうち一線地絡故障は最も頻度が高く，故障時の健全相の対地電圧の上昇により，二線地絡，短絡故障あるいは他回線にまたがる故障など，いわゆる多重故障に移行することが多い。

　a 相で一線地絡が発生したときの健全相の電圧は式(7.25)に示すようになり，故障インピーダンス $\dot{Z}_f = 0$ とすると

$$
\left.
\begin{aligned}
\dot{V}_b &= \frac{(a^2 - 1)\dot{Z}_0 + (a^2 - a)\dot{Z}_2}{\dot{Z}_0 + \dot{Z}_1 + \dot{Z}_2}\dot{E}_a \\[2mm]
\dot{V}_c &= \frac{(a - 1)\dot{Z}_0 + (a - a^2)\dot{Z}_2}{\dot{Z}_0 + \dot{Z}_1 + \dot{Z}_2}\dot{E}_a
\end{aligned}
\right\}
\tag{7.45}
$$

　これらの電圧を計算するため，つぎのように考える。発電機の正相，逆相インピーダンスは前述したように異なるが，故障点から見た正相，逆相インピー

ダンスに大きな差はないので，$\dot{Z}_1 \fallingdotseq \dot{Z}_2$ と仮定する。

また，$\dot{V}_b$ の式では $a = -1 - a^2$，$\dot{V}_c$ では $a^2 = -1 - a$ を代入し整理すると，式(7.45)はつぎのようになる。

$$\left.\begin{array}{l}
\dfrac{\dot{V}_b}{\dot{E}_a} = a^2 - 1 + \dfrac{3\,\dot{Z}_1}{\dot{Z}_0 + 2\,\dot{Z}_1} = a^2 - 1 + \dfrac{3}{\dfrac{\dot{Z}_0}{\dot{Z}_1} + 2} \\[4mm]
\dfrac{\dot{V}_c}{\dot{E}_a} = a - 1 + \dfrac{3\,\dot{Z}_1}{\dot{Z}_0 + 2\,\dot{Z}_1} = a - 1 + \dfrac{3}{\dfrac{\dot{Z}_0}{\dot{Z}_1} + 2}
\end{array}\right\} \tag{7.46}$$

また，通常 $R_1 \ll X_1$ であるから，$\dot{Z}_1 = \dot{Z}_2 = jX_1$，$\dot{Z}_0$ は中性点の接地インピーダンス，線路の対地充電容量などからなり，$\dot{Z}_0 = R_0 + jX_0$ とすると

$$\left.\begin{array}{l}
\dfrac{\dot{V}_b}{\dot{E}_a} = a^2 - 1 + \dfrac{3}{\left(\dfrac{X_0}{X_1} + 2\right) - j\,\dfrac{R_0}{X_1}} \\[6mm]
\dfrac{\dot{V}_c}{\dot{E}_a} = a - 1 + \dfrac{3}{\left(\dfrac{X_0}{X_1} + 2\right) - j\,\dfrac{R_0}{X_1}}
\end{array}\right\} \tag{7.47}$$

一般に，$\dot{V}_b$ より $\dot{V}_c$ のほうが大きく，R_0/X_1 をパラメータとして，X_0/X_1 に対する $|\dot{V}_c/\dot{E}_a|$ は図 **7.17** のようになる。X_0 が容量性の場合，$X_0/X_1 = -2$ で正相，逆相リアクタンス X_1 が X_0 と直列共振状態となり，非常に高い異常電圧が現れる。図 7.17 より

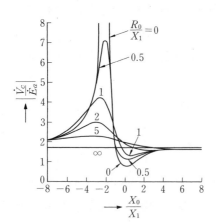

図 7.17　a 相一線地絡時の健全相電圧

$$0 \le \frac{X_0}{X_1} \le 3, \quad \frac{R_0}{X_1} \le 1 \tag{7.48}$$

の条件が満足される系統を有効接地系統という。有効接地系統とは，系統のいかなる地点で一線地絡故障が発生しても，地絡中に健全相の対地電圧が線間電圧の 80 ％を超えない系統と定義されている。つまり，$V_c/\sqrt{3}\,E_a < 0.8$ であり，図 7.17 では $V_c/E_a < 0.8 \times \sqrt{3} \fallingdotseq 1.387$ である。

一線地絡時の健全相電圧の上昇は，零相インピーダンス $\dot{Z}_0 = R_0 + jX_0$ に依存している。**図 7.18**（a）のように，中性点をインピーダンス $\dot{Z}_g$ で接地した系統の F 点での a 相一線地絡故障が発生した場合の零相回路を，図（b）に示す。ただし，線路は π 形回路としている。以下に，非接地および直接接地，抵抗接地の場合について述べる。

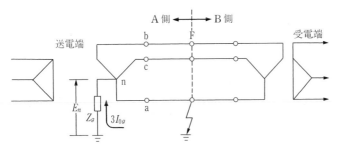

（a）　a 相一線地絡故障

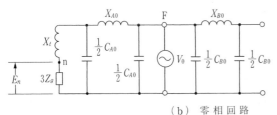

（b）　零 相 回 路

図 7.18　a 相一線地絡故障

（**1**）　**非 接 地 方 式**　　この場合は $\dot{Z}_g = \infty$，つまり中性点 n と大地間が開放であるから，一線地絡時の零相回路図 7.18（b）は**図 7.19**（a）のようになる。線路の零相静電容量は小さいため，これを流れる電流も小さい。したが

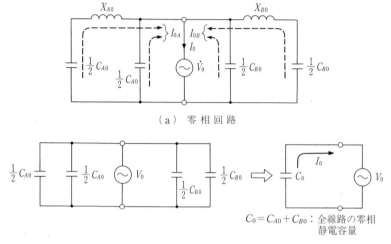

（ａ）　零　相　回　路

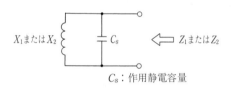

$C_0 = C_{A0} + C_{B0}$：全線路の零相
静電容量

（ｂ）　近似零相回路

C_s：作用静電容量

（ｃ）　正相，逆相回路

図 7.19　一線地絡時の零相回路（非接地系統，Z_g 大）

って，線路の零相リアクタンス X_{A0}，X_{B0} による電圧降下も小さく，零相回路は近似的に図（ｂ）のようになり，故障点から見た零相インピーダンス $\dot{Z}_0$ は全線路の対地静電容量に等しくなり

$$\dot{Z}_0 = \frac{1}{j\omega C_0} \tag{7.49}$$

となる。また，正相，逆相回路は図 7.19（ｃ）のようになり，C_s を線路の作用キャパシタンスとすると，一般に X_1，$X_2 \ll 1/\omega C_s$ であるから，$\dot{Z}_1 = jX_1$，$\dot{Z}_2 = jX_2$ となる。さらに，X_1，$X_2 \ll 1/\omega C_0$ であるから，Z_1，$Z_2 \ll Z_0$ となり，零相電圧 $\dot{V}_0$，電流 $\dot{I}_0$，a 相から流出する地絡電流 $\dot{I}_a$ は，式(7.23)，(7.24)で $\dot{Z}_f = 0$ とした場合であるから

$$\dot{I}_a = 3\dot{I}_0 = \frac{3\dot{E}_a}{\dot{Z}_0 + \dot{Z}_1 + \dot{Z}_2} \fallingdotseq \frac{3\dot{E}_a}{\dot{Z}_0} = 3\,j\omega C_0 \dot{E}_a \tag{7.50}$$

$$\dot{V}_0 = -\dot{Z}_0 \dot{I}_0 = -\dot{E}_a \tag{7.51}$$

となり，大地と中性点の電圧 $\dot{E}_n = \dot{V}_0 = -\dot{E}_a$ となる。健全線 b，c 相の電圧は式(7.45)より

$$\dot{V}_b = (a^2 - 1)\dot{E}_a, \quad \dot{V}_c = (a - 1)\dot{E}_a \tag{7.52}$$

となる。

これらのベクトル図を**図 7.20**(b)に示す。

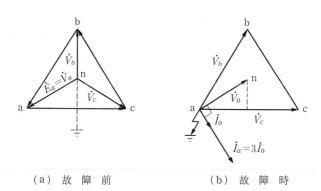

(a) 故 障 前 　　　　(b) 故 障 時

図 7.20 非接地系統の一線地絡時のベクトル図

　地絡電流は，ほぼ線路の充電電流に等しい。C_0 が小さいため，地絡電流も小さい。したがって，非接地系統のアークを介する地絡故障ではそのまま自然消弧することもあり，また通信線への誘導障害も小さい。一方，故障が発生する前の中性点電位 n は，図7.20(a)に示すように大地電位に等しく，健全相の対地電圧は相電圧であるが，故障が発生すると，図(b)のように a 相が大地電位，中性点 n は零相電圧に相当する電位に上昇し，健全相は故障前相電圧の $\sqrt{3}$ 倍に上昇する。さらに故障直後の過渡振動成分が 1 程度あり，合計で 2.73 倍ほどになることもある。

　長距離送電では，地絡電流が零になる時点で自然消弧すると，線路の対地充電容量に蓄積される残留電荷により，半サイクルごとにアーク地絡が発生す

る，いわゆる間欠アーク地絡により健全相に高い過渡振動電圧が現れ，送電機器の絶縁を脅かしたり，一線地絡から二線，三線地絡へと移行する恐れがある。

以上のことより，非接地方式は，高電圧，長距離送電系統には不向きであって，配電系統のような誘導障害を極力抑える必要性がある場合，送電電圧が低い場合，また短距離の送電系統に向いている。わが国では非接地方式は 33 kV以下の配電系統に適用されている。

（2）　直接接地方式と抵抗接地方式　　直接接地系統では，理想的には 0〔Ω〕の接地抵抗であるが，大地つまり土壌の固有抵抗は大きく，通常の土壌では $100 \sim 1\,000$〔Ω・m〕であり，土壌の種類によって異なり，岩帯ではもっと大きくなる。したがって，固有抵抗の大きい地域では直接接地として，メッシュ電極などを採用して 1〔Ω〕以下の接地抵抗としている。また，低抵抗接地は電圧階級によって異なるが，一般に数十 Ω，高抵抗接地では数百 Ω としている。

高抵抗接地系は，上述の $\dot{Z}_g$ が大きい場合に相当し，非接地系統に近い特性を示す。直接および低抵抗接地系では $\dot{Z}_g = R_g$ が小さい場合に相当し，図 7.18(a)の系統での一線地絡時の零相回路と零相電流の分布は**図 7.21(a)**のようになる。R_g および C_{A0}，C_{B0} が小さいため，R_g を流れる電流のほうが C_{A0}，C_{B0} を流れる電流よりも大きくなる。したがって，C_{A0}，C_{B0} を無視すると図(b)のようになるから，零相インピーダンスは

$$\dot{Z}_0 = R_0 + jX_0 \fallingdotseq 3R_g + j\,(X_{A0} + X_t) \tag{7.53}$$

となる。一線地絡時の地絡電流，健全相電圧は，系統の零相，正相，逆相インピーダンスにより異なるが，ここでは $\dot{Z}_1 = \dot{Z}_2 = jX_1 = jX_2$ および $X_1 = X_2 = X_0$ と仮定した場合について試算する。地絡電流は

$$\dot{I}_a = 3\dot{I}_0 = \frac{3\dot{E}_a}{\dot{Z}_0 + 2\dot{Z}_1} = \frac{\dot{E}_a}{R_g + jX_1} \tag{7.54}$$

となり，健全相電圧は式(7.47)より

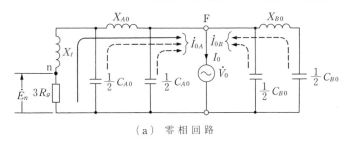

(a) 零相回路

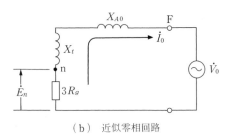

(b) 近似零相回路

図 7.21 一線地絡時の零相回路（低抵抗接地系統 $\dot{Z}_g = R_g$ 小）

$$
\left.
\begin{aligned}
\dot{V}_b &= \left(a^2 - 1 + \frac{1}{1 - j\dfrac{R_g}{X_1}} \right)\dot{E}_a = (a^2 - 1 + Ke^{j\theta})\,\dot{E}_a \\[3mm]
\dot{V}_c &= \left(a - 1 + \frac{1}{1 - j\dfrac{R_g}{X_1}} \right)\dot{E}_a = (a - 1 + Ke^{j\theta})\,\dot{E}_a
\end{aligned}
\right\}
\tag{7.55}
$$

となる。ただし

$$
K = \frac{1}{\left| 1 - j\dfrac{R_g}{X_1} \right|}, \quad \theta = \tan^{-1}\left(\frac{R_g}{X_1} \right)
$$

中性点電位 $\dot{E}_n$ は，C_{A0}，C_{B0} を無視したため，地絡電流はすべて中性点接地抵抗 R_g を流れるから，式(7.54)から

$$
\dot{E}_n = - R_g \dot{I}_a = - \frac{R_g}{R_g + jX_1}\dot{E}_a = - \frac{1}{1 + j\dfrac{X_1}{R_g}}\dot{E}_a
$$

$$= - \frac{1}{\sqrt{1 + \left(\dfrac{X_1}{R_g}\right)^2}} \, e^{-j\phi} \, \dot{E}_a \tag{7.56}$$

となる。ただし，$\phi = \tan^{-1}(X_1/R_g)$。

図7.22に，図7.18(a)のa相一線地絡時のベクトル図を示す。また，図中 n_0 は故障前の中性点電位で，a_0，b_0，c_0 は故障前の n_0 に対する各相電圧である。故障前は中性点 n_0 が大地電位にあるが，故障中は a_0 点が大地電位となり中性点の電位は n に移動する。b，c 相の対地電位は b，c 点に移動し，故障前の対地電位に比べて上昇している。

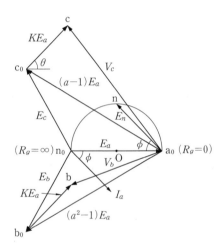

図7.22　一線地絡時のベクトル図
（低抵抗接地系）

中性点電位は，$R_g = 0$ では式(7.56)より $\dot{E}_n = 0$ となり a_0 点，$R_g = \infty$ では $\dot{E}_n = - \dot{E}_a$ となり n_0 点に移る。つまり，中性点電位は R_g の増加に伴い，a 点から $\dot{E}_a/2$ の点 O を中心とし，半径 $E_a/2$ とする半円上を移動することになるが，これは R_g が小さいとの仮定に立っているためであり，R_g が小さいといえる a_0 点近傍では半円上を移動するが，R_g が大きくなり線路容量 C_{A0}，C_{B0} が無視できなくなると，X_0 には C_{A0}，C_{B0} が含まれることとなり，中性点電位の軌跡はもっと複雑になる。

R_g が十分小さい直接接地の場合は

$$\dot{I}_a = \frac{\dot{E}_a}{jX_1}, \quad \dot{V}_b = a^2\dot{E}_a, \quad \dot{V}_c = a\dot{E}_a, \quad \dot{E}_n = 0 \tag{7.57}$$

となる。

　直接接地方式の特徴は，① 地絡電流は三相短絡電流にほぼ等しく，大きな値となること，② 健全相の対地電圧は故障前の F 点における故障前相電圧と変わらないことの 2 点である。

　したがって，利点としては

1) 　一線地絡時の健全相の対地電圧の上昇は少なく，アーク地絡や開閉サージなどによる異常電圧も一般に低い。

　　　したがって，定格電圧の低い避雷器を採用できるので，系統の絶縁階級を低減でき経済的に有利となるとともに，変圧器の中性点がほぼ大地電位に保たれるので，中性点側の絶縁レベルを低く抑えるいわゆる変圧器の段絶縁が採用でき，価格，重量ともに軽減できる。

2) 　地絡電流が非常に大きいため，保護継電器の動作が確実になり，保護システムの信頼度を高めることができる。

　また，上述の特徴からいえる欠点は

3) 　一線地絡電流は零相電流であり，かつ大電流であるため，通信線への電磁誘導障害の影響が大きくなる。

　　　また，地絡電流は低力率，大電流であるため，過渡安定度が低下する。大電流であるため，変圧器巻線の電磁力による衝撃，地絡点におけるがいしの破損，電線の損傷などの問題がある。

　直接接地方式を採用する場合，以上の点を留意する必要があるが，一般的にいえることは，送電電圧が高くなるほど経済的に有利となること，および電圧の高い基幹送電線は地上高も高く，市街地を通ることも少ないため，通信線への誘導障害も少ない。このため，基幹送電系統では直接接地方式が採用されることが多い。

　低抵抗接地方式は基幹送電線の信頼度確保の面から，地絡電流を抑制するとともに直接接地の地絡電流に比して高力率として，過渡安定度の低下を防ぐも

のである。

（3） 消弧リアクトル接地方式 非接地系統の一線地絡電流の大部分は，線路の対地静電容量の充電電流である。消弧リアクトル接地方式は，中性点をリアクトルで接地し，故障点の地絡電流を打ち消し，地絡点のアークを自然に消弧させるもので，線路遮断により停電させることなく送電を継続させることが可能となる。このリアクトルは，ドイツの発明者の名にちなんで**ペテルゼンコイル**（petersen coil）とも呼ばれている。

消弧リアクトル接地系統は，**図7.23**に示すように図7.18の$\dot{Z}_g$の代わりにインダクタンスLで接地された場合に相当する。

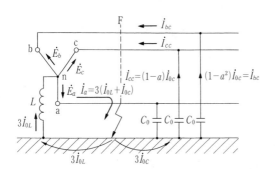

図7.23 消弧リアクトル接地系統の一線地絡

また，**図7.24**に，リアクトル接地系統でのa相一線地絡時の各対称分等価回路および対称分電流を示す。リアクトル接地は，後述するように高インピーダンス接地であるから，非接地の場合と同様に，正相，逆相インピーダンスを無視している。零相インピーダンス$\dot{Z}_0$は

$$\dot{Z}_0 = \frac{1}{\dfrac{1}{j\,3\omega L} + j\omega C_0} \tag{7.58}$$

各対称分電流は式(7.22)より

$$\dot{I}_0 = \dot{I}_1 = \dot{I}_2 = \frac{\dot{E}_a}{\dot{Z}_0} = \frac{\dot{E}_a}{j\,3\omega L} + j\omega C_0 \dot{E}_a = \dot{I}_{0L} + \dot{I}_{0C} \tag{7.59}$$

地絡電流$\dot{I}_a$は

$$\dot{I}_a = 3\dot{I}_0 = \frac{\dot{E}_a}{j\omega L} + j\,3\omega C_0 \dot{E}_a = 3\dot{I}_{0L} + 3\dot{I}_{0C} \tag{7.60}$$

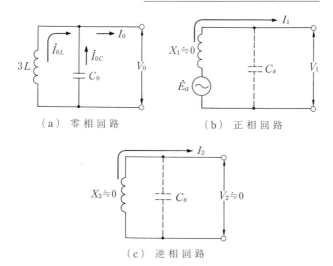

（a）零相回路　　　　　　　（b）正相回路

（c）逆相回路

（注）　破線部分は計算では無視している。

図7.24　消弧リアクトル接地系統における一線地絡時の
各対称分等価回路

ただし，$3\dot{I}_{0L}$ はリアクトルに流れる電流であり，$3\dot{I}_{0C}$ は線路の対地静電容量に流れる電流の総和である。

したがって，$\dot{E}_a$ を基準にとれば，$3\dot{I}_{0L}$ は $90°$ 遅れ電流，$3\dot{I}_{0C}$ は $90°$ 進み電流であるから，L の値を適当にすることにより地絡電流を打ち消すことができる。このための条件は

$$\dot{I}_a = 3\dot{I}_{0L} + 3\dot{I}_{0C} = 0$$

であり，リアクトル L は

$$L = \frac{1}{3\omega^2 C_0} \tag{7.61}$$

となり，これは線路の三線一括対地静電容量 $3C_0$ と接地リアクトル L の並列共振であり，$\dot{Z}_0 = \infty$ となる。このときの地絡電流が流れる経路は図7.23，電圧，電流ベクトルは**図7.25** に示すとおりである。図7.24 の各対称分電流を式(7.1)に従って合成すると，図7.25 に示すような電流となる。

消弧リアクトル接地の場合，式(7.61)より ωL は C_0 が小さいため高インピ

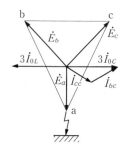

図 7.25　一線地絡時のベクトル図
（消弧リアクトル接地系）

ーダンス接地系といえ，地絡電流はほぼ零であり，一線地絡時の健全相の電圧は相電圧の $\sqrt{3}$ 倍になる。また非接地系統の地絡電流は非常に小さいため，自然に消弧することがあり，このときの相電圧に相当する電荷が対地充電容量 C_0 に蓄積され，半サイクル後に再びアーク地絡に進展し異常電圧が発生する。

　しかし，消弧リアクトル接地の場合は，リアクトルにより故障アークが消滅した後，図 7.24（a）に示すように，零相回路は消弧リアクトル $3L$ と対地充電容量 C_0 が並列となり，C_0 に蓄積された静電エネルギーは $3L$ の電磁エネルギーとの交換が行われ，$3L$ と C_0 の間で振動電流となり，リアクトルや線路の抵抗により減衰していき，故障相の相電圧は緩やかに回復する。

　したがって，時間経過に伴って故障点近傍の絶縁は回復するため，再びアーク地絡になることが少なく，異常電圧が発生する可能性が少ない。

　消弧リアクトル接地系の特徴は，故障点の地絡電流がほぼ零となることから，利点としては

1)　最も発生頻度の高い一線地絡故障を，線路を遮断することなしに除去することができ，送電を継続できる。

　　一線地絡時の過渡安定度はそれほど低下しない。

　　高インピーダンス接地であるので，電磁誘導障害は小さく，非接地方式と同程度である。

　　地絡電流の消弧後，故障相の電圧は緩やかに回復するため，間欠アーク地絡による異常電圧の発生の恐れがない。

欠点としては

2)　断線故障あるいは送電線対地静電容量の不平衡などにより中性点に残留電圧が存在する場合は，$3L$ と C_0 の直列共振により異常電圧が発生することがある。したがって，超高圧系統のようにねん架を施さない送電線には残留電圧が存在するから，適用が難しい。

　　抵抗接地方式に比べて経済的に不利である。

演 習 問 題

【1】　**問図 7.1** に示す送電系統の送電線路の送電端側（F 点）で一線地絡が発生した。一線地絡電流を求めよ。ただし，リアクタンスの値は基準容量 1 000 MVA，基準線路電圧は 500 kV としたときの単位法で図に示すとおりであり，添え字 1 は正相，2 は逆相，0 は零相を意味するものとする。

　　機器および線路の抵抗分，静電容量は無視し，正相リアクタンスと逆相リアクタンスは等しいと仮定する。また，故障点の故障前における電圧は 1.0 p.u. であった。

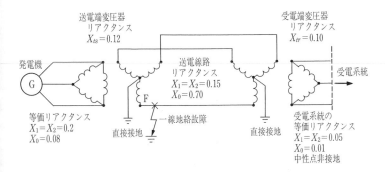

問図 7.1

【2】　22 kV の三相 3 線式送電線路がある。電線 1 条当たりの抵抗は 20 Ω，リアクタンスは 25.5 Ω である。発電機および変圧器の容量はいずれも 10 000 kVA で，そのリアクタンスはそれぞれ 20 ％および 10 ％である。

　　いま，無負荷で運転中，受電端に三相短絡が生じたとすれば，短絡点を流れる電流および発電機の電力はいくらか。ただし，発電機および変圧器の抵抗は無視する。

【3】　不平衡の電圧 $\dot{V}_a$, $\dot{V}_b$, $\dot{V}_c$ と電流 $\dot{I}_a$, $\dot{I}_b$, $\dot{I}_c$ によって送電される，三相全電力 $P + jQ$ をそれぞれの対称成分 $\dot{V}_0$, $\dot{V}_1$, $\dot{V}_2$ と $\dot{I}_0$, $\dot{I}_1$, $\dot{I}_2$ で表せ。

【4】　b，c 相が Z_f を通じて地絡した場合の a 相の電圧と，地絡電流を求めよ。

【5】　b，c 相が Z_f が通じて短絡した場合の各相の電圧と，短絡電流を求めよ。

【6】 b, c 相での2線断線事故の断線点間の電圧および健全相に流れる電流を求めよ。

【7】 わが国の配電系統では原則として非接地方式が採用され，基幹送電系統では直接接地が採用されることが多い理由を述べよ。

【8】 消弧リアクトル接地方式の原理と特徴について述べよ。

8 異 常 電 圧

　電力系統には，通常運転している電圧より高い電圧，すなわち異常電圧が生じて絶縁が脅かされ，過酷な場合には絶縁破壊に至る。そのような電圧には，雷撃や開閉操作によって発生するサージ電圧や，運転状態や故障によって生じる商用周波数や高調波の高電圧がある。

　本章ではそれらの発生メカニズムや線路の伝搬特性とともに，系統を異常電圧から守る方法についても述べる。

8.1　異常電圧の種類

　異常電圧（abnormal voltage）とは，通常運転している送電電圧より高い電圧，すなわち第2章で述べた公称電圧に対して定義される最高電圧を超える電圧のことであり，**過電圧**（over voltage）とも呼ばれている。

　送電線路に発生する異常電圧には，自然雷の発生に伴って外部から侵入する外部異常電圧と，通常の系統操作などに伴って系統内部から発生する内部異常電圧に分類できる。前者を**外雷**，後者を**内雷**と呼んでいる。また異常電圧の持続時間によっても区別される。それらは，**表8.1**のように分類される。

　サージ（surge，進行波）とは，送電線路上を移動する電圧や電流の過渡的な波（進行波とも呼ばれる）のことであり，雷や開閉操作によって与えられた

表 8.1　過電圧の分類[1]

```
外　雷 ──── 雷 サ ー ジ ┐
内　雷 ┬── 開 閉 サ ー ジ ┘──────── サージ性過電圧
　　　 ├── 商用周波過電圧 ┐
　　　 └── 高調波過電圧　┘──────── 短時間過電圧
```

電荷がほぼ光速で移動することによって起こり，サージインピーダンスの異な
る所で透過・反射を行い，電圧・電流の大きさや波形が変化する。

　自然雷により発生する雷サージや通常の開閉操作によって発生する開閉サー
ジは，発生後にごく短時間で減衰するが，非常に高い過電圧となる可能性があ
る。波の長さは，雷サージがマイクロ秒，開閉サージがミリ秒のオーダであ
る。これらはサージ性過電圧という。

　これに対し，系統内の故障などにより一時的に商用周波電圧が最高電圧を超
える商用周波過電圧と，送電回路の共振などによって発生する高調波過電圧が
あり，これらを総称して短時間過電圧という。持続時間は，保護装置により異
なり数十ミリ秒以上である。

　以下にこれらの過電圧について順次述べる。

8.2　開　閉　サ　ー　ジ

　開閉サージは遮断器の開閉に伴って発生する過電圧であり，投入時および遮
断時に起こり，以下で説明する。ほかに，非接地系統で一線地絡故障が発生し
てアークでつながったときに，消弧と点弧が間欠的に起こって高電圧が生じる
ことなどがあるが，それらについては省略する。

　（1）投　入　サ　ー　ジ　　例として，図8.1(a)に示す無負荷送電線で静電
容量が電圧 V_0 で充電されている場合に，遮断器を投入することを考える。こ
れは，送電線に故障が発生した場合，故障を除去するため送電線両端の遮断器
を開放し，故障点の絶縁が回復するのを待って，遮断器を投入する再閉路に相
当する。

　この際のサージ電圧などを厳密に求めるには，分布定数回路として詳細に解
析しなければならないが，ここではその発生メカニズムを理解するために簡略
化して，図8.1(b)に示すように線路の対地電圧を v_s とし，抵抗 R，インダ
クタンス L，キャパシタンス C よりなる集中定数回路として考える。

　$t = 0$ でスイッチ S を閉じると，次式が成り立つ。

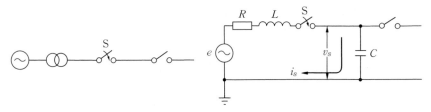

（a）　無負荷送電線の投入　　　　　　（b）　集中定数回路モデル

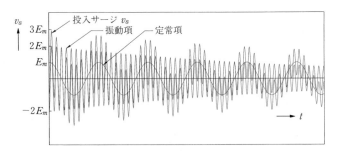

（c）　サージ波形の例

図 8.1　投 入 サ ー ジ

$$e = CL \frac{d^2 v_s}{dt^2} + CR \frac{dv_s}{dt} + v_s \qquad (8.1)$$

ただし，e は電源電圧で $E_m \sin(\omega t + \theta)$

この式の一般解は

$$v_s = e^{-at} A \sin(\omega_0 t + \phi) + V_{sm} \sin(\omega t + \theta - \phi) \qquad (8.2)$$

ただし，$a = \dfrac{R}{2L}$,　$\omega_0 = \sqrt{\dfrac{1}{LC} - \left(\dfrac{R}{2L}\right)^2}$

$$\phi = \tan^{-1}\left(\frac{\omega CR}{1 - \omega^2 CL}\right)$$

$$V_{sm} = \frac{E_m}{\sqrt{(1 - \omega^2 CL)^2 + (\omega CR)^2}}$$

となり，電圧 v_s は回路定数から決まる角周波数 ω_0 をもつ自由振動項と商用周波数の正弦波（定常項）を重畳したものとなる。式中の A, ϕ は，初期条件，すなわち $t = 0$ で $v_s = V_0$ および $i = C\left.\dfrac{dv_s}{dt}\right|_{t=0} = 0$ より求められる。簡単

のため $R = 0$ とした場合，振動項の波高値 A はつぎのようになる。

$$A = \sqrt{(V_0 - V_{sm} \sin \theta)^2 + \omega^2 LCV_{sm}{}^2 \cos^2 \theta} \tag{8.3}$$

この波高値が最大となる S の投入のタイミングは $\dfrac{dA}{d\theta} = 0$ より，$\theta = 90°$ で，残留電圧が $V_0 = - E_m$ のときで

$$A = - \frac{2 - \omega^2 LC}{1 - \omega^2 LC} E_m \tag{8.4}$$

である。

一般に送電線のインダクタンスは 10^{-3} H/km，キャパシタンスは 10^{-9} F/km のオーダであり，$\omega^2 LC$ は非常に小さく，$1 \gg \omega^2 LC$ であるから，振動項の波高値はおよそ $2E_m$ となる。さらに同様の理由により振動項の角周波数 $\omega_0 = 1/\sqrt{LC}$ は非常に高いため，線路の対地電圧 v_s は定常項の波高値と重畳され，およそ 3 倍の過電圧が発生することがある。図 8.1（c）に過電圧の計算例を示した。ただし，図では $\omega_0 = 20\omega$ とし，減衰も考慮したが，実際は $f_0 =$ 数 kHz，$R ≒ 0$ である。

投入サージを低減する手段としては，発生した過電圧を直接抑制する避雷器，わが国の 500 kV 系統で採用されている**抵抗投入方式**（**図 8.2**），投入位相を制御する同期投入遮断器の採用，再閉路までに線路の残留電荷を放電させる分路リアクトルの接続などがある。

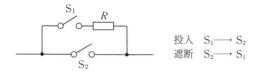

図 8.2　抵抗投入方式

（2）**遮 断 サ ー ジ**　　送電線に短絡や地絡が発生し，これを除去するため遮断器を開放するときにもサージ性過電圧が発生する。短絡が発生し，これを遮断する場合を，**図 8.3** に示す誘導性の集中定数回路モデルについて考える。

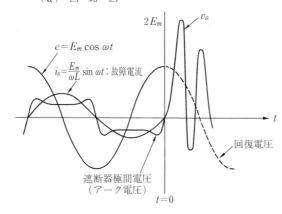

（a）回 路 図

L：電源の直列インダクタンス
C：機器・線路の浮遊静電容量

（b）電圧，電流波形図

図 8.3 遮 断 サ ー ジ

電源電圧を

$$e = E_m \cos \omega t \tag{8.5}$$

とすると，故障点から見た電源の等価インピーダンスを ωL とすれば，遮断前の短絡電流は

$$i_s = \frac{E_m}{\omega L} \sin \omega t \tag{8.6}$$

となる。遮断器の極間が開放されても，アークが生じて，電流はただちには切れず，流れ続ける。極間の電圧は，アーク放電の特性によって定まる波形となる。交流電流は零点を通過するので，この間に極間の絶縁が回復すれば遮断成功である。

いま，図 8.3（b）の $t = 0$ で短絡電流が遮断されたとすると，対地電圧 v_s について，投入サージの場合と同様，式（8.1）が成り立ち，その一般解も式

(8.2) と同様になるが，$R = 0$ および式(8.5)の電源電圧を考慮すれば

$$v_s = A \sin(\omega_0 t + \phi) + \frac{E_m}{1 - \omega^2 LC} \cos \omega t$$

$$i = C \frac{dv_s}{dt} = \omega_0 CA \cos(\omega_0 t + \phi) - \frac{\omega C E_m}{1 - \omega^2 LC} \sin \omega t$$

となり，やはり回路定数により決まる角周波数 ω_0 をもつ振動項と商用周波数の定常項からなる。ただし，投入サージの場合と初期条件が異なり，$t = 0$ で C の電荷は0であるから，$v_s|_{t=0} = 0$ および $i|_{t=0} = 0$ となる。初期条件から $\phi = 90°$，振動項の波高値 A は

$$A = -\frac{E_m}{1 - \omega^2 LC} \tag{8.7}$$

となり，したがって

$$v_s = \frac{E_m}{1 - \omega^2 LC} (\cos \omega t - \cos \omega_0 t) \tag{8.8}$$

となる。この v_s は遮断器極間の電圧でもあり，**再起電圧**（restriking voltage）と呼ばれる。時間の経過とともに再起電圧は，回路内の抵抗 R により過渡振動が減衰し，やがて電源周波数の定常項が現れ，この電圧を**回復電圧**（recovery voltage）といい，式(8.8)の第1項の定常項に相当する。

　図8.3(a)の回路中の C は電源系統内の浮遊キャパシタンスであるから非常に小さく，投入サージと同様に電源電圧のほぼ2倍の開閉サージが発生する。これは遮断器極間の電圧でもあるから，極間の絶縁がこの電圧に耐えるほどに回復していないと再びアークで短絡され，新たなサージが発生することになる。遮断サージを低減するには前項で述べた抵抗方式が有効である。

　無負荷送電線，ケーブル，コンデンサバンクのような容量性回路を開放するときもサージが発生する。例として，**図8.4**に示す無負荷送電線の充電電流を遮断する場合を考える。

　遮断する前の v_s は電源電圧 e にほぼ等しく，充電電流は90°進んでいる。遮断が開始されても遮断器極間はアークにより短絡状態にあるが，充電電流が零点を通過するとき（$t = t_0$）電流が遮断され，送電線キャパシタンスは $-E_m$

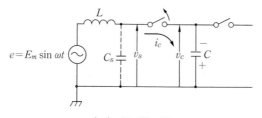

（a） 回 路 図

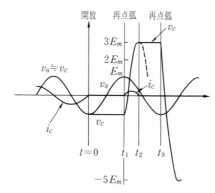

（b）　電圧，電流波形図

図 8.4　容量性回路の開放

に充電される。その後，電源電圧の極性が反転するため，極間の電圧は上昇し，半サイクル後の $t = t_1$ では $2E_m$ となる。遮断器の絶縁がこの電圧に耐えられるほど回復していないと，極間は再びアークで短絡，すなわち再点弧されることになる。

　これは，前述の残留電圧の存在する無負荷送電線の遮断器を投入したことに相当し，高周波振動電圧が発生するため，およそ 3 倍の過電圧となる。最悪の場合，再点弧によって流れる充電電流は v_c より 90°進んでいるから図 8.4（b）の $t = t_2$ で零となって，再び遮断される。したがって，送電線キャパシタンスはほぼ $3E_m$ に充電され，v_s が電源電圧 e にほぼ等しいとすれば，$t = t_3$ で遮断器極間には $4E_m$ の電圧が加わることになり，極間の絶縁回復が十分でないと再点弧され，$5E_m$ の過電圧が生じることになる。

　この現象は，原理的には 2 倍の増分で上昇する。実際の場合は，v_s が過渡振動項を含むため，もっと複雑になる。最近では，絶縁回復の速い遮断器が開発され，このような過電圧は発生しない。

　無負荷変圧器，インダクタンスなどの誘導性回路を消弧能力の高い遮断器で開放する場合，電流が零点を通過する前に極間のアークが消弧されることがある。これを**電流裁断**といい，やはり開閉サージが生じる。**図 8.5** に示す無負荷変圧器の励磁電流遮断を例にとる。

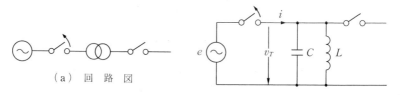

（a）回 路 図

（b）等価回路図

L：変圧器励磁インダクタンス
C：変圧器巻線間の浮遊静電容量

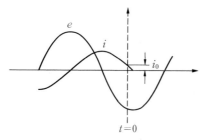

（c）電圧，電流波形図

図 8.5　変圧器励磁電流の裁断

　この場合の等価回路は，簡単のため図（b）に示すように集中定数で表せるものとする。L は変圧器の励磁インダクタンス，C は変圧器巻線間に存在する静電容量である。C は非常に小さく，商用周波数に対しては $1/\omega C \gg \omega L$ であるから，遮断前に変圧器に流れている電流 i は図（c）に示すように電源電圧 e よりほぼ 90° 遅れている。$t = 0$，すなわち e が波高値を迎える直前に i が裁断されると，L には $L \cdot di/dt$ なる起電力が発生し，C を通じて電流が流れる。したがって，変圧器の端子電圧 v_T に対して次式が成立する。

$$0 = CL\frac{d^2 v_T}{dt^2} + v_T \tag{8.9}$$

この式は，式(8.1)の左辺の強制項を零としたものであるから，一般解は式(8.2)の第1項と同じく

$$v_T = A \sin(\omega_0 t + \phi) \tag{8.10}$$

となる。ただし，式中の ω_0 は式(8.2)と同様 $\omega_0 = 1/\sqrt{LC}$ である。v_T は線路の対地電圧でもあり，この開閉サージの最大値 A は，初期条件 $i|_{t=0} = i_0$ および，図8.5(c)に示すように電流裁断時の v_T はほぼ E_m に等しい，つまり $v_T|_{t=0} \fallingdotseq E_m$ とすると

$$A = \sqrt{E_m{}^2 + \frac{L}{C} i_0{}^2} \tag{8.11}$$

となる。このサージは変圧器近傍に設置されている避雷器により抑制される。

8.3　短時間過電圧

（1）　商用周波過電圧

フェランチ効果：長距離線路あるいは電力ケーブルなどの対地静電容量が比較的大きな線路で送電する場合，深夜の軽負荷時など負荷電流が小さくなると，送電端の電圧より受電端の電圧が大きくなる。この現象を発見者（S. Z. de Ferranti：イギリス）の名を取りフェランチ効果という。

送電線が無負荷の場合について，分布定数回路として考えると，第5章の式(5.19)における送電線の直列抵抗を無視し，受電端の電流 $I_r = 0$ とすると

$$\frac{E_r}{E_s} = \frac{1}{\cosh j\omega\sqrt{LC}\,l} = \frac{1}{\cos \omega\sqrt{LC}\,l}$$

となり，受電端の電圧 E_r は送電端の電圧 E_s よりつねに大きい。このことは回路理論的には，T形，または π 形等価回路からもつぎのように説明できる。送電線を図8.6(a)のような π 形等価回路で表すと，送受電端の電圧の関係は

$$\dot{E}_s = \dot{E}_r + jX\dot{I}$$

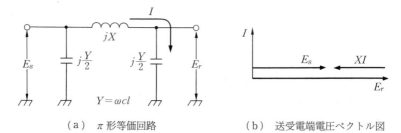

（a）π形等価回路　　　　　（b）　送受電端電圧ベクトル図

図 8.6　フェランチ効果

であり，また線路に流れる電流 I は受電端の電圧 E_r より 90°進んでいるため，送電端の電圧 E_s は図（b）のベクトル図のようになり，受電端の電圧より小さくなる。これは送電線のリアクタンスに進み電流が流れるためであるから，受電端に電力用リアクトルなどを接続し，線路に流れる電流を遅らせることにより抑制できる。

　発電機の**自己励磁現象**：上述したように軽負荷時には，線路の充電容量により進み電流が流れ，発電機には容量性の負荷が接続されたことになる。同期発電機では，電機子巻線に負荷電流が流れると，界磁による磁束以外に，電機子電流による磁束が加わり，電機子電流の位相が遅れの場合，界磁磁束を減少させ（減磁作用），進みの場合は増加させる（増磁作用）電機子反作用となる。したがって，この場合のように発電機に進み電流が流れると，端子電圧が上昇する。界磁電流を零にしても，**図 8.7(a)** に示すように，発電機に容量性負荷が接続されている場合，残留磁気により内部誘起電圧が発生し，端子電圧は図（b）に示す E_{t0} となり，発電機には I_{a0} なる進み電流が流れ，この電流により磁束が増大し，さらに端子電圧が上昇するという過程を繰り返し，図の P 点で平衡状態となるまで端子電圧が上昇する。

（2）　高調波過電圧　　突極形の発電機で系統に不平衡故障が生じると，電機子に高調波電圧が誘起し，線路の定数によっては高調波共振を起こすことがある。故障が発生すると，故障電流中に過渡的に直流成分が含まれる。この直流成分により，電機子にはある方向に直流起磁力を発生する。界磁巻線（磁極）は同期速度で回転しているため，界磁磁極の直軸と直流起磁力の方向が一

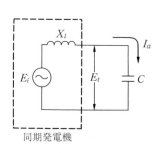

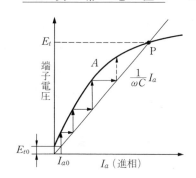

（a）　容量性回路につながれた　　　　　（b）　自励プロセス
　　　　同期発電機

図 8.7　自己励磁現象

致したとき界磁巻線と鎖交する磁束の大きさは最大となり，横軸と一致したと
きの鎖交磁束の大きさは最小となる。

　すなわち，界磁巻線に鎖交する磁束は系統周波数と同じ基本波周波数となる
ため，巻線には基本波周波数の起電力が誘導され，界磁巻線には基本波周波数
の電流が流れ，この電流による起磁力は 2 倍周波数を含む回転磁界〔$\sin(2\omega t$
$- \theta)$，ただし θ は電気角〕となるため，電機子には 2 倍周波数の起電力が誘
起され，電機子には 2 倍周波数の電流が流れる。

　同様の過程により，界磁巻線には 3 倍周波数の電流が流れ，電機子には 4 倍
周波数の起電力を誘起するというように，電機子には偶数調波の起電力が誘起
することになる。

　さらに不平衡故障電流中の逆相電流が電機子に流れると，電機子には界磁磁
極の回転方向と逆の回転磁界を生じ，この起磁力と磁極の相対速度は 2 倍の同
期速度となるため，界磁巻線には 2 倍の周波数の電流が流れる。さらに電機子
には 3 倍の起電力と電流が誘導され，上記と同様の過程により電機子には奇数
調波の起電力が誘起する。

　過渡直流成分による偶数調波はやがては減衰するが，逆相分による奇数調波
成分は，故障が継続する限り存在する。したがって，発電機リアクタンスを含
む系統リアクタンスとキャパシタンスがこれらの高調波のどれかと共振する

と，基本波電圧と重なって高い過電圧が発生することがあり，これを**高調波共振**という。これは，発電機の界磁磁極に制動巻線を設けることにより防止できる。これらの高調波起電力が制動巻線により短絡されるため，高調波起電力の波高値も小さくなり，直流分の減衰も早くなる。

8.4 雷現象と避雷

8.4.1 雷 現 象

送電線路が，自然環境から被る電気的に最も過酷な影響は雷撃である。雷撃は系統設備の絶縁破壊と損傷，それに伴う短絡故障の発生や系統安定度の崩壊などの原因となるため，それに関する対策が必要である。

雷現象は，**図 8.8** のような上昇気流や，**図 8.9** のような強風などの大気の激しい動きによって発生する。電気を帯びた水滴や空気が大気により正負に引き離され，雲の中に正電荷を帯びた部分と負電荷を帯びた部分が生じ，それらの間あるいは雲と大地の間の絶縁破壊による放電が，雷現象である。

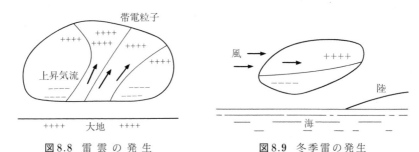

図8.8 雷 雲 の 発 生   図8.9 冬 季 雷 の 発 生

このような現象は，わが国では内陸部において真夏の積乱雲における上昇気流により発生することが多いが，日本海側では冬の季節風によって発生することが多い。また，火山の爆発とか大火災の際にも，小規模ではあるが急激な上昇気流により，同様な現象が発生することが観察されている。

夏季の雷撃は，まず雲から地上への初期ストリーマ（streamer）の進展で

始まり，地上に到達すると大電流の主放電が地上から雲に向かって起こる。初期ストリーマの速度は光速の 0.01 ％ 程度以下で数百 A 以下，主放電は光速の 10 ～ 50 ％ 程度，数万 ～ 20 万 A 程度となる。また，大気の絶縁強度と放電距離などから，電圧は数千万 ～ 10 億 V 程度と推定される。

　雷の発生頻度の指標として，平均年間雷雨日数である **IKL**（isokeraunic level）や雷放電のカウント数が用いられる。これらは送電線路への雷撃の頻度の目安となる。

　雷の発生は気流が速くなる地形をもった地方において多く，群馬県や栃木県，紀伊半島や九州の山地などでは夏季雷が多く，北陸地方では冬季雷が多い。最大，IKL で 40 日，雷放電数で 7 000 回程度である。

　雷撃は，100 μs 程度のきわめて瞬間的な現象である。電圧などの波形および大きさは，**図 8.10** のように，波高値，波頭長，波尾長によって定量的に定義される。電流波形は電圧より時間的に遅れる。

　雷は，送電線へ種々の形で影響する。

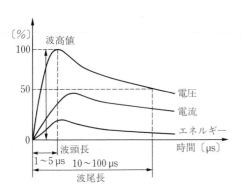

図 8.10　雷放電波形と定義

　直撃雷は，電力線に直接放電するものであるが，その際に生じる電位がアークホーンあるいはがいしの絶縁耐力以上になる場合には，**フラッシオーバ**（全路にわたる絶縁破壊）が起こり，大地へ放電する。電位が絶縁耐力より低い場合には，そのまま進行波となって送電線路の両方向に伝搬する。図 8.8 からも推察されるように，直撃雷のほとんどは負性である。

一方，放電が雲相互間，雲と大地間，雲と架空地線などの間で行われたとき，雲の電荷（通常，負性）に引かれて電力線上に集結していた電荷（通常，正性）が拡散して進行波となることがあるが，この現象は**誘導雷**と呼ばれる。一般に電圧は低いが，発生回数は多い。

わが国では，送電線路には架空地線が敷設されており，電力線が直撃雷を受けることはまれであるが，鉄塔や架空地線に落雷があると，鉄塔から大地へ電流が流れる際のインピーダンス降下のために鉄塔側が高電圧になり，鉄塔から電力線へフラッシオーバすることがある。これを**逆フラッシオーバ**と呼ぶが，これは通常高電位にある電力線側から起こるフラッシオーバと逆方向であることによる。

直撃雷あるいは誘導雷により線路上に生じた電荷は，電圧・電流の進行波（これを雷サージと呼ぶ）となって線路を減衰しながら伝搬するが，最終的には避雷器，保護ギャップ，中性点抵抗などを通じて大地に放電される。

進行波は電荷の移動である。ある電荷が電線上を移動すると，それに伴い高電位状態が移動するが，その際の電荷移動の時間割合が電流である。例えば，ある方向へ正電荷が移動する場合には，その電位は正であるが，その方向の電流を正とすれば，同じ電荷が逆方向に移動する場合には，その電位はやはり正であるが，電流は逆向きであるので負となる。このように進行波では，電圧と電流の符号が進行方向により同じときと逆になるときとがある。

8.4.2 送電線路上の進行波伝搬特性

ここでは，線路上を進行波がどのように伝搬するかを基本式に基づいて検討する。

線路を図 **8.11** のような分布定数回路とし，単位距離当たりの直列インピーダンスを Z，並列アドミタンスを Y とすれば，距離 x，時間 t に関して偏微分方程式

$$\frac{\partial e(x,\ t)}{\partial x} = -Zi(x,\ t) \tag{8.12}$$

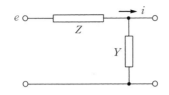

図 8.11　線路の等価回路

$$\frac{\partial i\,(x,\ t)}{\partial x} = -\,Ye\,(x,\ t) \tag{8.13}$$

ただし，$Z = pL + R$，$Y = pC + G$，p：微分演算子，L，R，C，G：単位長当たりの直列のインダクタンスと抵抗，並列のキャパシタンスとコンダクタンス

が成り立ち，さらにそれらを x に関して偏微分して整理すれば

$$\frac{\partial^2 e\,(x,\ t)}{\partial x^2} = \gamma^2 e\,(x,\ t) \tag{8.14}$$

$$\frac{\partial^2 i\,(x,\ t)}{\partial x^2} = \gamma^2 i\,(x,\ t) \tag{8.15}$$

ただし，$\gamma = \sqrt{ZY}$：伝搬定数

となり，式(8.14)より解として

$$e = \exp\,(\gamma x)\,f_1(t) + \exp\,(-\,\gamma x)\,f_2(t) \tag{8.16}$$

が得られる。本式を，式(8.12)へ代入して整理すれば

$$i = -\sqrt{\frac{Y}{Z}}\,\exp\,(\gamma x)\,f_1(t) + \sqrt{\frac{Y}{Z}}\,\exp\,(-\,\gamma x)\,f_2(t)$$

$$= -\frac{1}{Z}\,\exp\,(\gamma x)\,f_1(t) + \frac{1}{Z}\,\exp\,(-\,\gamma x)\,f_2(t) \tag{8.17}$$

ただし，$Z = \sqrt{Z/Y}$：サージインピーダンス

となる。

（1）無損失線路上の進行波　　無損失線路の条件を $R = G = 0$，$\gamma = p$ $\sqrt{LC} \equiv p/v$，$Z = \sqrt{L/C}$ とし

$$f(t + a) = f(t) + af'(t) + \frac{a^2}{2!}\,f''(t) \cdots$$

$$= \left(1 + ap + \frac{a^2}{2!}\,p^2 + \cdots\right) f(t)$$

$$= \exp(pa)\, f(t) \tag{8.18}$$

なる関係を適用すれば，式(8.16)は

$$e = \exp\left(\frac{px}{v}\right) f_1(t) + \exp\left(-\frac{px}{v}\right) f_2(t)$$

$$= f_1\!\left(t + \frac{x}{v}\right) + f_2\!\left(t - \frac{x}{v}\right)$$

$$= e_1 + e_2 = e_b + e_f \tag{8.19}$$

となり，二つの進行波（添え字の f は前進，b は後進を示す）を表し，同様に式(8.17)は

$$i = -\frac{1}{Z} f_1\!\left(t + \frac{x}{v}\right) + \frac{1}{Z} f_2\!\left(t - \frac{x}{v}\right)$$

$$= i_1 + i_2 = i_b + i_f \tag{8.20}$$

となる。

　これらの式が示す電圧，電流の進行波について，**図 8.12** のように，右へ進むものを前進波，左へ進むものを後進波とすれば，それぞれ波形と大きさは変わらずに時間とともに移動する。

　その際の伝搬速度は $v = 1/\sqrt{LC}$ で，架空送電線の場合には約 $300\,\mathrm{m/\mu s}$（ほぼ光速）となるが，ケーブルでは遅くなる。

　また，電圧と電流の間には

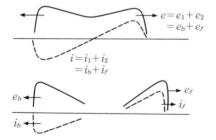

図 8.12　進行波の進み方

$$e = e_1 + e_2$$
$$i = i_1 + i_2$$
$$i_1 = -\frac{e_1}{z}, \quad i_2 = \frac{e_2}{z}$$

$$(8.21)$$

なる関係がある。

通常の損失のある線路では，進行波は進むに従い，減衰して波形も変化する。

（2）　進行波の変移点における振る舞い　　特性が異なる線路の接続点，線路の開放端，機器のある終端などの変移点では，進行波が来ると，透過とともに反射が起こる。

図 8.13 のような変移点に左から進行波が到来したとき，その点において電圧および電流の到来波，反射波，透過波（それぞれ添え字 i，r，t で示す）の間には，式(8.19)，(8.20)のように，各時間と位置における電圧と電流の値は前進波（ここでは到来波）と後進波（ここでは反射波）の和として表されるので，それぞれつぎの連続の式が成り立つ。同様に変移点における電圧・電流および透過波の値も，前進波と後進波の和として表される。

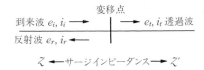

図 8.13　進行波の変移点における振る舞い

$$e_i + e_r = e_t \tag{8.22}$$

$$i_i + i_r = i_t \tag{8.23}$$

$$i_i = \frac{e_i}{z}, \quad i_r = -\frac{e_r}{z}, \quad i_t = \frac{e_t}{z'} \tag{8.24}$$

式(8.23)に式(8.24)を代入して整理すると

$$\frac{e_i}{z} - \frac{e_r}{z} = \frac{e_t}{z'} \tag{8.25}$$

となり，式(8.25)に z を乗じて式(8.22)に辺々加えて整理すれば

$$e_t = \frac{2\,Z'}{Z + Z'}\,e_i \left.\begin{array}{c}\\[1em]\end{array}\right\}$$

$$e_r = \frac{Z' - Z}{Z' + Z}\,e_i$$

(8.26)

$$i_t = \frac{2\,Z}{Z' + Z}\,i_i \left.\begin{array}{c}\\[1em]\end{array}\right\}$$

$$i_r = -\,\frac{Z' - Z}{Z' + Z}\,i_i$$

(8.27)

となる。

これらの関係は，図 **8.14** のようなサージ波形の変化の状況を表している。

図 **8.15** のようなインピーダンス Z_0 のある終端に進行波が到達したときは，つぎの式が成り立つ。

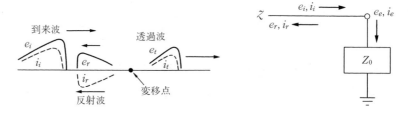

図 8.14 進行波の波形の変移点の状況	図 8.15 インピーダンス終端の進行波

$$e_e = e_i + e_r \tag{8.28}$$

$$i_e = i_i + i_r \tag{8.29}$$

$$e_i = Z i_i, \quad e_r = -\,Z i_r, \quad e_e = Z_0 i_e \tag{8.30}$$

式(8.30)を式(8.29)に代入して整理すれば

$$\frac{Z}{Z_0}\,e_e = e_i - e_r \tag{8.31}$$

となり，式(8.28)と組み合わせると

$$e_e = \frac{2\,Z_0}{Z_0 + Z}\,e_i \tag{8.32}$$

が得られ，ほかにつぎの結果が得られる。

$$e_r = \frac{Z_0 - Z}{Z_0 + Z}\,e_i \tag{8.33}$$

$$i_r = - \frac{Z_0 - z}{Z_0 + z} i_i \tag{8.34}$$

$$i_e = - \frac{2z}{Z_0 + z} i_i \tag{8.35}$$

以上のように，異なる特性の線路の接続点に進行波が到達した場合は，反射と透過が起こり，そのような接続点が二つ以上ある線路では各接続点で生じた反射波と透過波が重なり合い波高値が変化するので，注意が必要である。

[例題] **8.1**　サージインピーダンスが，それぞれ 500 Ω と 40 Ω の架空送電線路とケーブル線路が直列に接続されている。架空送電線側から電圧の波高値が E なる進行波が接続点に到来したとき，そこで観測される電圧の最大値はいくらになるか。また逆に，ケーブル線路側から到達したときはどうなるか。架空送電線の末端にサージインピーダンス 5 000 Ω の変圧器が接続されている場合はどうか。

[解答]　特性が異なる線路の接続点に生じる電圧は，式(8.26)で表されるので

$$e_t = \frac{2z'}{z + z'} e_i = \frac{2 \times 40}{500 + 40} E = 0.148 E$$

となる。逆に進行波がケーブル線路から架空線路に来た場合は，生じる電圧は 1.852 E となる。

一方，変圧器がつながれている場合は，式(8.32)よりつぎのようになる。

$$e_e = \frac{2Z_0}{Z_0 + z} e_i = \frac{2 \times 5\,000}{500 + 5\,000} E = 1.818 E$$

このように，サージインピーダンスが大きい線路から小さい線路に進行波が到達したときは，発生電圧は低くなり，逆方向の場合は発生電圧は高くなる。末端に集中インピーダンスが接続されている場合にも，集中インピーダンスが大きい場合は発生電圧は高くなり，インピーダンスが小さい場合は発生電圧は低くなる。

[例題] **8.2**　図 **8.16** に示すような架空送電線と地中送電線が接続された系統

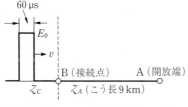

架空送電線　　　地中送電線

図 8.16　架空線から地中線への進行波の進行

がある。架空送電線から接続点を通じて地中送電線へ進行波 E_0 が侵入してきた場合，開放端 A におけるケーブル絶縁体に加わる電圧の最大値を求めよ。

また，その最大値は，進行波が地中送電線に侵入してから何秒後に発生するか。ただし，架空送電線のサージインピーダンスを $Z_c = 230$ 〔Ω〕，地中送電線のサージインピーダンス $Z_A = 60$ 〔Ω〕，地中送電線の進行波伝搬速度 $v = 160$ 〔m/μs〕とし，地中送電線のケーブルシースは両端で完全に接地されているものとする（電験第 1 種）。

〔解答〕 接続点に到達した進行波は，式 (8.26) から，透過波は $2\times60/(230+60)E_0 = 0.414E_0$，反射波は $\{(60-230)/(230+60)\}E_0 = -0.586E_0$ の大きさとなって去り，透過波は，$9\,000/160 = 56.25$ 〔μs〕後に開放端に到達し，そこの最大電圧は，60 〔μs〕にわたり $2\times0.414E_0 = 0.828E_0$ になり，反射波 $0.414E_0$ が B 点に向かう。

B 点に到達した進行波はそこで反射して $\{(230-60)/(230+60)\}\times0.414E_0 = 0.243E_0$ となって再び開放端に向かい，開放端に到達して，$2\times0.243E_0 = 0.414E_0$ なる最大値になる。

この後も A，B 間で反射を繰り返すが，そのつど最大値は小さくなるので，開放端における最大値は，最初に到達した時刻 $56.25 \sim 116.25$ 〔μs〕の間の $0.828E_0$ である。

これらの状況は，図 8.17，図 8.18 のようである。

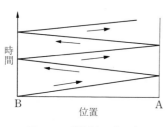

図 8.17 進行波の進み方

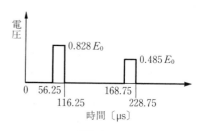

図 8.18 開放端における電圧

8.4.3 避 雷 装 置

送電線路を雷撃から守る避雷装置には，架空地線，避雷器，サージ吸収器（サージアブソーバ）などがあり，図 8.19 のように設置される。

（1） 架 空 地 線 超高圧送電系統では，図 8.20 のように鉄塔頂に 2 本の架空地線が張られ，上方から見て電力線が架空地線に遮へいされる場合

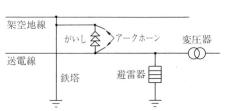

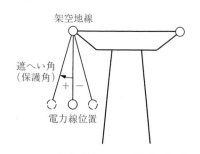

図 8.19　雷撃からの送電線保護システム　　図 8.20　架空地線による電力線の保護

には，直撃雷を受けることはほとんどない。

　電力線が架空地線に遮へいされる角度を遮へい角（あるいは保護角）と呼ぶが，30°程度の場合には電力線が直撃を受ける確率は 0.1 ％程度であり，重要線路では遮へい角を 0°または負として直撃をほとんど皆無としている。

　架空地線は，鉄塔を通して接地されるが，その抵抗が大きいと雷撃電荷の放電の際の電圧降下のために鉄塔電位が電力線電位よりも高くなり，逆フラッシオーバを起こすことがあるので，接地抵抗を下げるため，地下 1 m くらいの深さに数十 m の裸線を放射状などに広げて埋設し，塔脚に接続する**カウンターポイズ（埋設地線）**が設置される。

　（2）避　雷　器　避雷器の最も重要な設置位置は，**図 8.21** のように，変圧器などのように絶縁破壊した場合に復旧が困難な装置の入口である。この際，雷サージが避雷器で**制限電圧**以下に抑えられても，変圧器と避雷器の間での反復により変圧器に高い電圧が生じることがあるので，これらの間の距離は 50 m 以内にする。

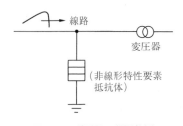

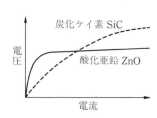

図 8.21　避雷器の設置位置　　図 8.22　避雷器特性要素の特性

避雷器（避雷素子とも呼ばれる）の**特性要素**の役割は，過電圧を制限し，交流の**続流**を遮断することにあり，運転電圧では抵抗がほぼ無限大で，制限電圧を超えると急速に小さくなる非線形特性をもつことが理想的な条件である。

現在使われている酸化亜鉛素子（ZnO）は，**図 8.22** のようにこの条件に近い特性をもち，運転電圧時の電流は数十 μA と微小であり，ギャップがなくても十分な機能を有するため，現在ではそのようなギャップレス方式が主流化している。

（3）　サージ吸収器　　進入するサージ電圧から発電機や調相機などの回転機を守るため，避雷器とコンデンサを並列に組み合わせたもので，主として波頭しゅん度をコンデンサにより，波高値を避雷器により低減する。

[例題] **8.3**　**図 8.23** のような送電線路端に **図 8.24** のような特性をもつ避雷器が設置されている場合，e_i なる電圧の進行波が到達したとき，端子における電圧はどのようになるか。

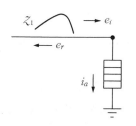

図 8.23　避雷器へサージの侵入　　　図 8.24　避雷器の電圧‐電流特性

[解答]　線路端においてつぎの 2 式が成り立つ。

$$e_a = e_i + e_r \tag{8.36}$$

$$i_a = \frac{e_i}{z_1} - \frac{e_r}{z_1} \tag{8.37}$$

これから，**図 8.25** のように

$$e_a = 2e_i - z_1 i_a$$

となる直線と特性曲線が交わる点における電圧が，求める電圧である。

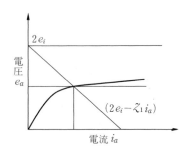

図 8.25 避雷器の電圧

8.5 絶 縁 協 調

　送電線路は，これまで述べた雷撃や開閉サージなどの異常電圧により絶縁破壊の脅威に曝（さら）されている。そのような電圧に耐えるために線路の絶縁耐力を上げると，そこでは耐えても，それに接続する機器に高電圧が伝搬して印加することになり，線路や機器の絶縁耐力を際限なく高めなければ絶縁破壊を防げなくなる。

　そこで現在では，それらの異常電圧に対しては保護装置を設置するものとして，各設備の重要度と絶縁回復性能などに応じて絶縁強度に差を付けることにより，合理的で経済的な絶縁を行うのがよいとされている。これを**絶縁協調** (insulation coodination) といい，つぎのような考え方である。

（1）　電力系統の主要な地点には避雷器を設置し，線路や機器にかかる電圧を制限電圧以下に抑える。

（2）　通常の運転時に発生する内部異常電圧では，絶縁破壊やフラッシオーバ，避雷器の作動などを起こさせないため，それに合わせた避雷器を選び，線路や機器にはそれに相当する絶縁強度をもたせる。

（3）　そのため，それらの内部異常電圧が規定以上に高くならないよう，例えば，一線地絡故障時の健全相電圧の上昇を抑えるために中性点を**有効接地**（地絡故障時の健全相の対地電圧を 1.3 倍程度以下に抑えるような接地）したり，開閉サージを抑えるために遮断器に抵抗投入方式を採用

する，などの対策を施す。

これらは，例えば，故障やそれを除去する際に発生する異常電圧によりほかの故障や避雷器の作動が起こると，故障が波及することになるためである。

（4）　したがって，通常の電圧レベルは

$$平常時運転電圧 < 内部異常電圧 < 避雷器制限電圧 < \genfrac{}{}{0pt}{}{線路および}{機器絶縁強度}$$

のようである。

このような考えに基づき，具体的にはつぎのように対策を施す。

（1）　線路にかかる異常電圧を抑制するため，送電線には架空地線，アークホーン，避雷器などを設け，鉄塔の接地抵抗を小さくし，主変圧器の中性点は接地する。

（2）　がいしの個数およびアークホーンの間隔，クリアランス（電線と支持物の距離）は，開閉サージでフラッシオーバしないように選ぶ。

（3）　雷撃などによるサージ電圧が架空送電線路の電力線に生じたときに，電力線と鉄塔の間で，がいし表面に先立ってアークホーンがフラッシオーバするようにしておけば，がいしにかかる印加電圧はフラッシオーバ電圧以下に抑えられ，がいしがフラッシオーバにより破壊されることはない。

（4）　変電所に到達したサージ電圧が避雷器の制限値を超えていれば，避雷器を通じて放電が起こり，電圧は制限値以下に抑えられ，機器に過度の電圧がかかるのを防ぐ。この場合，避雷器と変圧器などの機器との距離が長いと，避雷器を通過したサージ電圧が反射し，その間で往復振動して印加電圧の波高値が許容値以上になることがあるので，避雷器を防護対象機器の近く（通常 50 m 以内）に設置することが必要である。

（5）　避雷器の定格は，電力系統に発生する商用周波の短時間過電圧を目安に決めており，その電圧では避雷器が作動しないようにしているため，それに接続する機器はそれ以上の絶縁強度をもつ必要がある。

（6）　2回線送電線路の場合には，回線間で絶縁強度に差を設け，異常電圧

のためにフラッシオーバが起こる場合にも一方のみとし，もう一方で送電を継続できるようにする，などの配慮をする。

|||||||||||||||||||||||||||||||||||||| **演　習　問　題** ||||||||||||||||||||||||||||||||||||||||||||

つぎの文章の(a)～(e)の中に適当な言葉を記入せよ。

【1】 鉄塔における逆フラッシオーバを防止するには，できるだけ(a)抵抗を低くすることが必要であり，(b)地線を施工することがある。径間逆フラッシオーバを防止するには，架空地線の(c)を少なく，すなわち，地線の(d)力を大きくとる。また，架空地線が2条の場合は，径間中央部での橋絡あるいは地線の線間距離の(e)などを行っている（電験第2種）。

【2】 雷による架空送電線事故防止対策としては，(a)による雷遮へい，(b)によるがいし破壊防止，(c)の低減による鉄塔電位上昇の低減，(d)方式による雷フラッシオーバ継続の遮断，2回線事故防止対策としての(e)絶縁方式などがある（電験第2種）。

9 電力系統の保護

　わが国における電力需要は年々増加の傾向にあり，それに伴い，大容量の発電所が大電力消費の大都会から離れた遠隔地に建設されている。発電機の単機容量も 30 数年前の最大容量 35 万 kW 級から 100 ～ 130 万 kW に増大し，1 発電所における容量も 400 ～ 700 万 kW 以上の値になる場合もある。

　これに対応して電力輸送の送電線容量も増加し，50 万 V 送電から 100 万 V 送電の運用も間近である。そのため，これら大電力輸送の送電系統の事故に対処するための電力系統の保護は，非常に重要な問題となっている。

9.1　送電線の保護継電方式

　電力系統における保護には，短絡，地絡などの事故に速やかに対応する保護と，これらが原因となって系統全体に周波数低下などを生じる系統不安定に対応する，電力系統安定化保護とがある。ここでは前者の場合について述べる。

　図 9.1 は，電力系統を単線図で簡略化したものであるが，発電機，変圧器，母線，送電線の破線内で示した各単位で構成され，遮断器で連結されている。破線内の各単位内（L：送電線，B：母線，G：発電機，T：変圧器）はそれぞれ独立に設置された保護継電器で保護され，事故発生の際に事故発生機器が最小の範囲で系統から切り放されるようになっている。このような目的で使われる継電器を**主保護継電器**と呼んでいる。

　電力設備は，一般に単一の保護継電器で保護されている場合は少なく，主保護継電器による事故除去が失敗した場合に，事故区間を系統から切り放す別個の保護継電器が必要であり，これを**後備保護継電器**（back up）と呼んでい

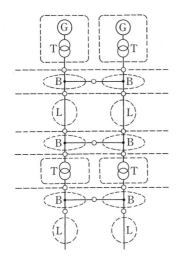

図 9.1　電力系統構成図

る。ここで取り扱う電力系統保護とは，送電線保護に関することである。

送電線保護継電器の具備すべき条件としては

（1）　必要なときには確実，高速に動作し，誤作動しないこと

（2）　高感度の検出・選択性能を有し，故障を除くための除去範囲を狭く限定すること

（3）　保守，管理運用が容易なこと

（4）　送電系統連系が維持できる保護動作をすること

（5）　送電線の接続端子数に制約を受けないこと

などである。

送電線保護継電器を動作原理から分類すると，つぎのように大別される。

（1）　過 電 流 方 式　　一般的に短絡事故時には平常時の負荷電流よりも大きな電流が流れ，地絡事故時には，平常時には流れない零相電流が流れる。このように，事故時には平常時より電流が大きくなることから，**図 9.2** に示すように，過電流方式は，送電端から末端に至る各変電所に設置された過電流継電器（over current relay）により事故電流を検出し，送電線を過電流から保護する方式である。この場合，継電器の動作時間は，末端に行くほど速くなる。

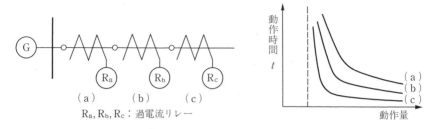

図 9.2 過 電 流 方 式

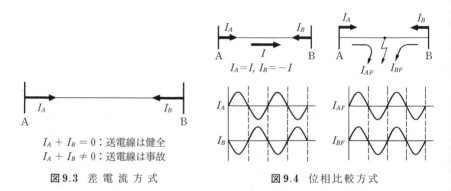

$I_A + I_B = 0$：送電線は健全
$I_A + I_B \neq 0$：送電線は事故

図 9.3 差 電 流 方 式

図 9.4 位 相 比 較 方 式

（2） 差 電 流 方 式　　送電線の送受電端の両端では，途中負荷が存在しないため，流入電流は事故のない平常時では等しくなる。それゆえ，**図 9.3** に示すように，差電流方式は，A，B 両端で電流の正方向を A-B 間に流れ込む方向（内部方向）にとれば，送電線が健全の場合は両電流の和は零となり，事故の場合は零でなくなるというのが基本的な判定方法である。

　送電線のこう長は長いため，両端電流の比較を求めるのに有線を用いて電流情報を相互に送る方法をパイロットワイヤリレー方式と呼んでいる。また，無線信号を用いる方式には，FM 伝送差電流リレー，PCM 伝送差電流リレーと呼ばれるものがある。

（3） 位 相 比 較 方 式　　前述の差電流方式と同じように，二端子送電線の送受電両端に流入する電流位相から事故を判断する方式である。**図 9.4** に示すように，送電線が健全な場合は同じ電流が流れ，電流は同相となる。送電線が事故になると両端から内部に事故電流が流れ込み，両電流は，大きさ，位相と

もに異なった値となる。このことから送受電両端の電流位相を比較して，事故を判別する方法である。

　電流位相の比較はマイクロ回線を用いる。この方式は，動作性能，運用保守，制御性に優れているため，275 kV，500 kV の幹線保護用として用いられている。ただし，多端子送電線保護には適用できない。

（**4**）　**電力方向比較方式**　　図 **9.5** に示すように，両端に事故電流の方向を検出する電力方向継電器を置き，いずれか一つが外部電流を示したら外部事故，両継電器がいずれも外部を指示しない場合は送電線事故と判断する方式である。信号の伝送には高周波電力搬送方式を用い，15 kV 系，27 kV 系に用いられている。

　A，B 端ともに，内部方向リレー動作，外部方向リレー不動作→送電線事故
　A 端で内部方向リレー動作，B 端で外部方向リレー不動作→送電線事故
　A 端で外部方向リレー不動作，B 端で内部方向リレー動作→送電線事故
　A 端で内部方向リレー動作，B 端で外部方向リレー動作→送電線健全
　A 端で外部方向リレー動作，B 端で内部方向リレー動作→送電線健全

図 9.5　電力方向比較方式

（**5**）　**距離測定方式**　　この方式は，図 **9.6** に示すように，発電所から末端に至る各変電所に距離継電器を設置し，短絡，接地などの事故時に，事故点までの距離を測定し自己の分担範囲内の事故か否かを判断する方式である。各リレーの動作時間は，図に示すように，自己の分担範囲内の事故に対しては速く，分担範囲外では遅く設定されている。このことは，自己分担範囲外の事故に対しては後備保護として動作する。

（**6**）　**電流バランス方式**　　平行 2 回線にのみ適用される方式で，送電線 2 回線が健全な場合は両線の電流は平衡しており，どちらかに事故が発生すれば必ず不平衡になることから，事故線の検出を行うことができる。

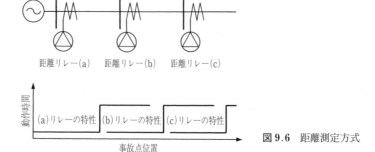

図 9.6　距離測定方式

　図 9.7 に基本原理を示す。事故点が送受電端に近接しているときは，事故点の反対側端子では電流が平衡してしまうので事故回線の検出はできないが，事故点に近い端子では電流が不平衡となり事故線を遮断解放するため，反対側端子も電流不平衡となり事故線の検出ができる。

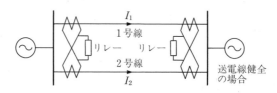

平常時には $I_1 = I_2$ のためリレーには電流が流れない。

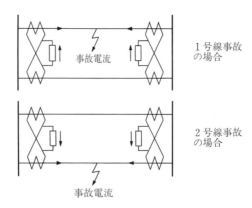

１，２号いずれの事故でもリレーに電流が流れ，
１号線事故と２号線事故ではリレー電流の方向が
逆となる。

図 9.7　電流バランス方式

9.2　配電系統保護方式

配電系統は，配電用変電所から需要地点までの配電幹線と，これに沿って施設される高圧需要家および柱上変圧器と，そこから一般需要家に供給する低圧配電線からなっている。配電幹線は 6.6 kV の高圧配電線と，22 kV，33 kV の特別高圧配電線がある。高圧配電線はほとんどが架空配電方式であり，特別高圧配電線は，架空配電方式と地中配電方式とがある。

9.2.1　高圧配電線の保護方式

高圧配電線はほとんどが架空線であるため，事故の発生原因はつぎの3種類に代表される。

（1）　雷，風雨，氷雪，水害など自然現象に起因するもの（事故全体の約 50 ％）。

（2）　看板，樹木，鳥獣，テレビアンテナなどの器物接触に起因するもの（事故全体の約 15 ％）。

（3）　車の電柱への衝突，工事現場のクレーンの操作ミスによる電線への接触事故など，過失事故に起因するもの（事故全体の約 12 ％）。

上記原因による事故に対して配電線路にはつぎのような保護装置が設置され，事故防止の対策がとられている。

（1）　短絡，地絡事故に対して，速やかに検出し，事故部分を健全な線路から切り放し，線路および柱上変圧器などの機器を保護し，漏電火災，感電事故への波及を阻止する。

・高圧配電線：過電流事故 – 過電流リレー
　　　　　　　地 絡 事 故 – 地絡リレー

・柱上変圧器：過電流事故 – 高圧ヒューズ

・低圧配電線：過電流事故 – 低圧ヒューズ

・引 込 線：過電流事故 – 電線ヒューズ

　　　・屋 内 配 線：過電流事故 – 低圧ヒューズ，配線用遮断器

　　　　　　　地 絡 事 故–漏電遮断器

（2）　漏電，高低圧混触時の危険防止のための接地工事

　　　・高低圧混触 – 第二種接地工事

　　　・機器の外箱など – 第二種接地工事，第三種接地工事，特別第三種接地
　　　　工事

（3）　雷サージによる絶縁破壊などの事故防止のための耐雷設備

　　　・フラッシオーバ防止 – 避雷器，架空地線

　　　・機材被害防止 – 格差絶縁，耐雷ホーンなど

　高圧配電線路の保護継電方式は，過負荷，短絡保護として配電線ごとに過電流継電器を用いた過電流継電方式が使用され，地絡保護としては地絡過電圧継電器と地絡方向継電器を組み合わせた地絡方向継電方式が用いられ，地絡事故に対する後備保護としては，バンクごとに地絡過電圧継電器とタイマを組み合わせた地絡過電圧継電方式が用いられている。

（1）　過電流継電方式　　配電線に短絡事故または過負荷が起きた場合，過電流継電器が動作して遮断器の引外しコイルに直流電流を流し，配電線路を自動的に遮断する。過電流継電器の最小動作電流は，過負荷保護を考慮して最大負荷電流の 150 ％を目標に設定されている。限時特性は反限時特性で，定限時動作時間は約 2 秒のものが多い。

（2）　地絡方向継電方式　　地絡事故が生じた場合，変電所母線に設置された接地形計器用変圧器（GPT）と各配電線に設置された零相変流器（ZCT）により，零相電圧，零相電流を検出し，地絡過電圧継電器と地絡方向継電器との組合せで事故配電線を遮断する。

（3）　地絡過電圧継電方式　　零相電圧を検出する地絡過電圧継電器と配電線微地絡選択継電器との組合せから構成されている。地絡事故が発生し地絡過電圧継電器が動作しても地絡方向継電器が動作しない微小地絡電流の場合，配電線微地絡選択継電器が各配電線の遮断器を順次遮断し，地絡過電圧継電器が復帰する場所が事故の線路と判断する。

　すべての配電線を遮断しても地絡過電圧継電器が復帰しない場合は，配電用変圧器の一次側遮断器へ遮断指令を出す。

9.2.2　特別高圧配電線の保護方式

（1）　特高架空配電線の保護方式　　高圧配電と同じ樹枝状または常開ループ方式なので，保護方式も基本的には高圧配電の場合と同じで，過負荷，短絡保護には過電流継電方式と地絡保護として地絡方向継電方式が適用されている。

（2）　特高地中配電線の保護方式　　20 kV 級地中配電系統では，供給信頼度向上，自動化，簡素化を目的とし，架空配電方式で直接柱上変圧器または配電塔により降圧する方式のほかに，直接供給方式として常用予備線切換方式，スポットネットワーク方式が採用されている（**図 9.8**）。

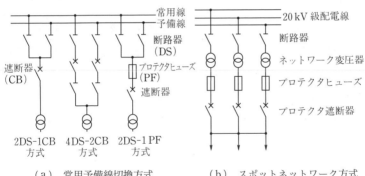

　（a）　常用予備線切換方式　　　　（b）　スポットネットワーク方式

図 9.8　特高地中配電線の保護方式

　電源変電所における保護としては，短絡，過負荷，地絡保護は高圧配電線路と同じ方法がとられている。常用予備線切換方式では，需要家側に施設された保護継電器と電源変電所の保護継電器との協調が重要である。スポットネットワーク方式では，受電設備側の保護は，プロテクタヒューズおよびプロテクタ遮断器によるネットワークプロテクタにより行っている。

9.3 配電線の事故時自動制御方式

配電線の事故時の自動制御はつぎに示す二つである。

（1） 再閉路継電方式　配電線路では，電線の混触，樹木接触あるいは鳥獣接触などの一時的な事故が瞬間的に起こる場合がある。これらの事故は無電圧になると，事故点における絶縁が回復し，電源を再投入してもなんら支障なく送電が継続できる場合が多い。そのために，事故配電線を遮断した直後に再投入リレーにより自動的に再投入するのが再閉路継電方式である。

一般に配電線の再閉路時間は，15～16秒程度の低速度再投入方式が採用されている。最近は0.5秒程度の高速再閉路方式が検討されているが，再閉路成功率の低下や遮断器の動作責務が過酷になるなどの問題がある。

（2） 事 故 操 作 方 式

①　順送時限方式　配電方式により，樹枝状配電線，単一ループ配電線，多重ループ配電線の順送時限方式に分類できるが，樹枝状配電線の場合につき述べる。

図 9.9 に示す回路と装置によって構成されている。

変電所には，遮断器，保護継電器，再閉路継電器，故障区間指示計が設置されている。配電線の各区間には，区分開閉器，区分開閉器制御用継電器，継電

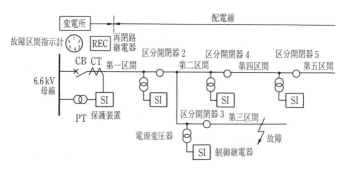

図 9.9　順送時限方式

器用電源変圧器が設置されている。事故発生と同時に変電所の保護継電装置が作動して，事故配電線を遮断する。配電線が無電圧になるとある一定時間後に区分開閉器が開放状態になり，各区間は切り離される。再閉路継電器が整定時間後に動作して遮断器を投入して第1区間に送電すると同時に，故障区間指示計が動作し始める。

　第1区間送電 t_1 時間後，区分開閉器2の制御用継電器が動作して区分開閉器2に投入指令を出して区間2に送電すると同時に，故障区間指示計が第2区間を指示する。第2区間送電 t_1 時間後に区分開閉器3の制御用継電器が動作して区分開閉器を投入すると同時に，事故が再発するため変電所の遮断器が動作して配電線を再度遮断し，故障区間指示計は区間3を指示し停止する。

　配電線は無電圧になると，前回と同じように各区分開閉器は一定時間後に開放状態となる。ただし，区分開閉器3の制御用継電器は t_2 の無電圧状態後ロックされ，以後の動作を停止する。再び再閉路継電器が一定の整定時間後に閉路指令を出して，遮断器を再々閉路する。健全区間が前回同様に順次閉路されるが，故障区間の制御用継電器はロックされているので遮断器は投入されず，健全区間だけ送電される。

　② **故障区間遮断方式**　　順送時限方式は，事故区間の検出と健全区間の送電を続けるために，2回以上の再閉路が必要である。そのために，健全区間の一時的な停電は避けられない。

　この停電を避けるために，配電線に遮断器と保護装置を設置し故障区間を遮断する方法である。

9.4　開　閉　現　象

（1）　回路開閉による発弧

　①　**閉路時の発弧**　　回路を閉じる場合，開閉器の接触子両極間の間隔 d が近づいていき，両極間電圧 V により決まる電界 $E = V/d$ が接触子間の媒

質の絶縁破壊電圧以上になると先行放電を生じる。この放電の初期はグロー放電であるが，外部回路からエネルギーを供給されるとアーク放電に移行し，接触子の損傷，溶着などによる事故の発生する場合がある。

② **開路時の発弧**　回路の電流を遮断する場合，遮断器などの接触子により開離するとき，回路条件，開離速度により決まる電圧限界および電流により発弧を生じる。このアークが持続すると電流遮断は困難となり，重大な事故につながる恐れがある。

（２）**直流電流の遮断**　直流電源からインダクタンスを含む回路に供給される電流を遮断する場合，遮断器動作時に電極間にアークを生じる。このアークに消費されるエネルギーは，電極開離瞬時にインダクタンスに蓄えられている電磁エネルギーに等しい。そのため，直流回路の遮断は一般に困難とされている。このアークを消弧するためには，アークを引き延ばしてアーク抵抗を高め，アーク電圧を高くするか，またはアークを冷却したり圧縮する方法がある。

9.4.1　交流電流の遮断

交流電流遮断の場合にもアークを生じるが，交流アークは半周期ごとに電流が零になる瞬間があるので，比較的容易に消弧ができる。インダクタンスと抵抗分を考慮した電流回路の等価回路を**図9.10**(ａ)に，電流遮断時の電極間電圧電流を図(ｂ)に示す。図(ｂ)中の電極開離後アークを生じるが，アーク消弧後に自由振動分の再起電圧と電源周波数の回復電圧が電極間に現れる。

この再起電圧により，アーク痕跡に電流を流しエネルギーを供給することになり，再発弧，再点弧が生じアークを持続し遮断が不可能になる。なお，通常再発弧は電源周波数の1/4サイクル以下に再度電流が流れる場合をいい，それ以降に再びアークを生じる場合を再点弧と呼んでいる。

電流の遮断は，接触子が開離後生じるアークを消弧し完全に絶縁耐力を回復した状態でなければならない。

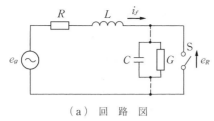

（a）回　路　図

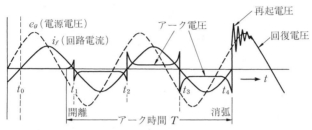

（b）電圧，電流波形

図 9.10　交流電流遮断時の電圧電流

9.4.2　開 閉 装 置

　変電所，開閉所，および送配電線路に設置される開閉装置には，遮断器，断路器，負荷遮断器，電力ヒューズがある。

　遮断器は，電気学会，電気用語標準特別委員会によれば，「常規状態の電路のほか，異常状態，特に短絡状態における電路をも開閉し得る開閉器」と定義されている。すなわち，遮断器は電流供給システムで短絡や地絡のような故障が発生した場合，速やかに事故電流を遮断して，機器などの破損を防ぐとともに，電力の安定供給を図る開閉機器である。そのため遮断器は，一般的につぎのような基本的役割をもっている。

（1）　閉路時には良好な導体であり，常時の電流はもちろん短絡電流に対しても，一定の時間内は熱的，機械的に耐えること。

（2）　開路時には，良好な絶縁体であり，運転電圧，そのほかの定められた電圧に耐えること。

（3）　開路状態にある回路を，接触子の溶着などを伴うことなく，短時間に安全に投入できること。

（4）　定格遮断電流以下の電流を，異常電圧を発生することなく，短時間で遮断すること。

そのほか，遮断器の動作責務を**表 9.1** に示すが，回路条件および電圧，電流，遮断電流，回復電圧などの性能に関する定格は JEC に規定されている。

表 9.1　標準動作責務

種　別	記　号	動　作　責　務
一　般　用	A	O —— （1分） —— CO —— （3分） —— CO
	B	CO —— （15秒） —— CO
高速度再閉路用	R	O —— （θ） —— CO —— （1分） —— CO

（注）　O：開閉動作，CO：閉路動作に引き続き猶予なく開路動作を行うもの，
　　　　θ：再閉路時間で 0.35 秒を標準とする。
　　　　なお，高速度再閉路を行う遮断器に対して，系統運用責務を行わせる
　　　　場合がある。
　　　　O —— （θ） —— C —— （t） —— O —— （θ） —— CO
　　　　ここで，t は再閉路標準時間（引き続いて O —— （θ） —— CO する
　　　　までの時間）であって，通常は 60 秒程度である。

9.4.3　交流遮断器の種類

交流遮断器の分類を**表 9.2** に示す。歴史的な経過としては，気中開閉による開閉器とヒューズの時代から，電圧の上昇，大容量化に伴い油入遮断器，空気遮断器，磁気遮断器などが開発使用され，現在では，72 kV 以上においては SF$_6$ ガス遮断器（GIS）が，72 kV 未満においては真空遮断器が主流となっている。

（**1**）　**油　入　遮　断　器**　　最も古くから用いられている遮断器で，充電部分の絶縁方式によりタンク形とがいし形に分けられる。また，消弧方式により（ア）並切り形　（イ）自力消弧室形　（ウ）他力油吹付形　（エ）混合形，に分離される。

（**2**）　**タンク形並切り油遮断器**　　鉄製タンク内の油の中でくさび形の可動接触子と，フィンガ形の固定接触子によって直列に 2 個の遮断部があり，クロ

表9.2　交流遮断器の分類

種　類	遮断器の分類	全　体　構　造		遮　断　器　の　定　格		
				電　圧〔kV〕	遮断電流〔kA〕	遮断時間〔サイクル〕
油入遮断器	並切り形	接地タンク形		3.6〜7.2	4〜8	5〜8
	消弧室形	がいし形	接地タンク形	3.6〜420	12.5〜50	3〜5
空気遮断器	遮断時充気形	がいし形		12〜800	12.5〜120	2〜5
	常時充気形					
磁気遮断器	吹消しコイル方式			3.5〜15	12.5〜60	5〜8
	ループアーク方式					
ガス遮断器	複圧形(二重圧力形)	がいし形	接地タンク形	3.6〜1 000	12.5〜100	2〜5
	単圧形(バッファ形)					
真空遮断器	磁気駆動形	がいし形	接地タンク形	3.6〜168	8〜100	3〜5
	軸方向磁界形					

スアームの中心を支える昇降桿により外部から操作される。三相1タンク形と各相別タンク形がある。遮断電流の大きいものには消弧室と呼ばれる接触子を取り囲むしきりを設け，電流遮断時に接触子間に生じるアーク熱による油の気化を利用しアークを冷却，消弧する。

（3）　がいし形遮断器　消弧室の適用により油の量を少量にできるため，各相ごとに対地絶縁をがいしで保ち，がいし内部に消弧室を設けた遮断器である。消弧室は電気的，機械的に強度の優れた絶縁筒で作られており，形状は小形化され，重量，油量が少なくてすみ，保守も簡単である。遮断，投入の操作は，ソレノイド操作，電動カム操作および圧縮空気操作の方式がある。

（4）　空気遮断器　ノズル状接触子の軸上にアークを発生させ，ノズル内に圧縮空気を吹き付けて消弧する方式のものが多い。圧縮空気の圧力は約0.5〜3 MPaで，6 MPaの圧縮空気を用いる場合もある。圧縮空気を遮断部に常時充気しておく常時充気形（高電圧大容量用）と，遮断時だけに遮断部を充気する遮断時充気式（中電圧以下）がある。空気遮断器は油がなく接点の消耗が少なく機械的可動部が少ないので保守が容易であり，火災の危険が少ないなどの利点があり，1950年ごろより1980年ごろまで66 kV以上の回路の主要

遮断器となった。

（5） 磁 気 遮 断 器　　遮断時に生じる大電流で磁界を作り，この磁界で積層した磁器製の消弧板（アークシュート）内にアークを押し込み，冷却して消弧する遮断器である。気中遮断器と同じで気中で消弧するため，15 kV 以下に使われた。

（6） ガ ス 遮 断 器　　66 kV 以上の電力系統に多数使用されてきた空気遮断器は，騒音の点で，また，油遮断器は保守点検における省力化の点でそれぞれ難点があり，これらの問題を解決できるものとして，ガス遮断器が大きく注目され始めた。ガス遮断器は変電所のコンパクト化の要請から，絶縁強度および消イオン性に優れた六フッ化硫黄ガス（SF$_6$ガス）を利用した遮断器である（ガス絶縁開閉装置，GIS）。回路遮断時に生じるアークに1.5 MPa 程度に圧縮したSF$_6$ガスを吹き付けて消弧する方式が一般的であるが，静止SF$_6$ガス中でアークを発生し，それによって生じる磁界または発生熱により消弧する方式もある。

　ガス遮断器の構造としては，遮断部をがい管内部に置き，対地絶縁をがいしで維持するがいし形と遮断部を設置した金属容器に納め対地絶縁もSF$_6$ガスで保つデッドタンク形とがある。**図9.11** にデッドタンク形ガス遮断器の外形を

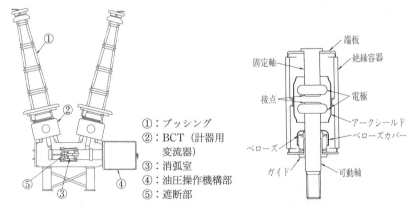

①：ブッシング
②：BCT（計器用
　　変流器）
③：消弧室
④：油圧操作機構部
⑤：遮断部

端板
絶縁容器
固定軸
電極
接点
アークシールド
ベローズカバー
ベローズ
ガイド
可動軸

図9.11　ガス遮断器の外形
　　　　（定格 300 kV，63 kA，
　　　　東芝製）

図9.12　真空遮断器構造図
　　　　〔DSKA-54091（3.6～36 kV）
　　　　東芝製〕

示すが，この遮断器は接続端子部のブッシングに変流器を内蔵でき，耐震性に優れているため，わが国で広く使用されている。

（**7**）　**真 空 遮 断 器**　　1950 年代に米国において実用化された。遮断部を真空に保ち，高真空による高い絶縁耐力と，拡散作用による優れた消弧能力を利用した遮断器である。**図 9.12** は，真空遮断器の構造例で，真空遮断器内は 10^{-5} Pa 以下の高真空に保たれている。

わが国では 1965 年に高圧真空スイッチ 7.2 kV/3.6 kV　400 A，50/25 MVA クラスが実用化され，現在 72 kV（31.5 kA）のものまで製品化されている。また，縦磁界形電極の適用により遮断電流の大幅向上が図られた結果，12 kV，100 kA の遮断器が製品化されている。真空遮断器はメインテナンスフリーが大きな特徴である。

（**8**）　**断　路　器**　　断路器は電流を遮断することが目的ではなく，定格電圧のもとで，変電所そのほかの電気施設を電気的に隔離するために充電された電路を開閉するもので，主として大気中で使用される。構造的には，ブレード（導電可動接触子が取り付けられる部分），接触部，支持がいし，操作装置および固定ベースからなっている。

また，使用回路，取り付け方法などから分類すると，① 単投式は線路の開閉などに用いられ，双投式は二重母線の切換えなどに用いられる。② 1 極当たりの遮断部の数により，一点切りと二点切りに分類される。③ ブレードの動作方法により，水平切りと垂直切り，直線方向に動作する直線切り，④ パンタグラフにより固定子を下方より圧接するパンタグラフ形などがある。

操作方式は，フック棒操作，連結機構を介した手動，電動，空気などによる遠方操作がある。

（**9**）　**負 荷 遮 断 器**　　断路器に遮断機構を付加して，定格負荷電流程度の電流遮断を可能にしたものが負荷遮断器である。遮断時に空気を吹き付けるものや，SF_6 ガスにより消弧するものがある。

（**10**）　**電 力 ヒ ュ ー ズ**　　電力ヒューズは，異常電流検出の保護継電装置と電流遮断機能を一つにした静止形の装置で，小容量の変圧器，計器用変圧器，

電動機，配電線路の保護や遮断器の役目をする。動作は，ヒューズ自身の溶断により電流が遮断される。

　JEC-113によれば，定格電流の1.3倍の連続電流では溶断せず，2倍の電流では2時間以内に溶断するように定められている。ヒューズの種類は(a)小形化ヒューズ，(b) 警報用ヒューズ，(c) 栓形ヒューズ，(d) 筒形ヒューズ，(e) 真空ヒューズ，(f) 磁気吹消しヒューズ，(g) 高圧カットアウト，(h) ホウ酸ヒューズ，(i) 限流ヒューズ，(j) 複合形ヒューズ，(k) 温度ヒューズがある。

10 誘導障害とコロナ

誘導障害の原因としては，電力線に流れる電流による電磁誘導障害と，電力線の電圧による静電誘導障害とがある。

送電線に近接して通信線がある場合，送電線に故障が発生したりすると通信線に電圧または電流を誘導し，通信機器を損傷したり，通信施設にさまざまの障害を与える恐れがある。また，静電誘導障害は，人体への電撃危害の恐れもある。

送電線にコロナが発生すると，コロナ損，コロナ騒音などが問題になったり，線路近傍のラジオなどに受信障害を与えることがある。

10.1 電磁誘導障害

図10.1(a) に示すように，大地を帰路とする電力線と並行した通信線がある場合，電力線に流れる電流 $\dot{I}$ により電力線および通信線のまわりに磁束が生じ，これにより通信線に商用周波数の誘導電圧 $\dot{E}$ が生じる。電力線と通信線との相互インダクタンス M 〔H/m〕，通信線と電力線の並行している距離を l 〔m〕とすると，電磁誘導電圧 $\dot{E}$ は

$$\dot{E} = -j2\pi f M l \dot{I} \tag{10.1}$$

となる。電力線に流れる電流 $\dot{I}$ は，誘導電圧を誘起させるので起誘導電流と呼ばれている。三相電力線の場合，a，b，c 相の電力線と通信線の相互インダクタンスをそれぞれ M_a，M_b，M_c とすれば，通信線に生じる電磁誘導電圧 $\dot{E}$ は

$$\dot{E} = -j2\pi f l \, (M_a \dot{I}_a + M_b \dot{I}_b + M_c \dot{I}_c) \tag{10.2}$$

となる。$M_a \neq M_b \neq M_c$ の場合は常時電磁誘導電圧となり，各相の電力線と

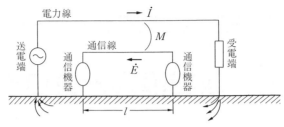

（a）　大地帰路電力線の場合

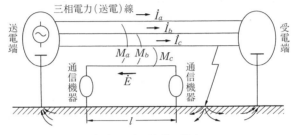

（b）　三相電力線の場合

図 10.1　電磁誘導電圧

通信線の離隔距離の不整によって生じる。$M = M_a \fallingdotseq M_b \fallingdotseq M_c$ であるとして
よい場合は

$$\dot{E} = -j\,2\,\pi f M l\,(\dot{I}_a + \dot{I}_b + \dot{I}_c) = -j\,2\,\pi f M l\cdot 3\dot{I}_0 \tag{10.3}$$

となる。これは地絡事故などにより大地を帰路とする零相電流により生じるも
ので，異常時電磁誘導電圧と呼ばれる。このほかに，電力線に流れている高調
波電流により生じる誘導雑音電圧がある。

電磁誘導軽減対策としては，通信線においては

（1）　アルミ被覆誘導遮へい通信ケーブルの使用

（2）　通信ケーブルの地中化

（3）　通信用アレスタの適用

などがあり，電力線では

（1）　架空地線の低抵抗化による遮へい効果の向上

（2）　故障継続時間を短縮することにより誘導障害の影響の低減

などがある。

10.2 静 電 誘 導

送電線の近傍に導体があると，送電線と導体間の静電結合により，導体には静電誘導電圧が生じる。**図10.2** に示すように，三相送電線の各相の電力線と導体間の静電容量 C_a，C_b，C_c，導体と大地間の静電容量を C_n とするとき，各相の電力線には対地電圧 $\dot{E}_a$，$\dot{E}_b$，$\dot{E}_c$ が存在するから，C_a，C_b，C_c，C_n を通じて大地へ電流が流れる。この電流は

$$j\omega C_n \dot{E}_n = j\omega \{C_a(\dot{E}_a - \dot{E}_n) + C_b(\dot{E}_b - \dot{E}_n) + C_c(\dot{E}_c - \dot{E}_n)\}$$

$$(10.4)$$

となる。したがって，導体に生じる誘導電圧 $\dot{E}_n$ は

$$\dot{E}_n = \frac{C_a \dot{E}_a + C_b \dot{E}_b + C_c \dot{E}_c}{C_a + C_b + C_c + C_n}$$

$$(10.5)$$

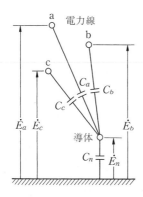

図10.2 静電誘導

三相送電線がよくねん架されて $C_a = C_b = C_c$ で，かつ $\dot{E}_a + \dot{E}_b + \dot{E}_c = 0$ であれば，$\dot{E}_n = 0$ となるが，そうでない場合は導体に誘導電圧が生じることになる。この誘導電圧は，導体が通信線の場合，通信機器への常時誘導雑音を与えるが，最近では通信線としてケーブルが用いられるようになってきたため，これが問題になることはあまりない。

むしろ，問題は人体への電撃危害である。例えば，送電線下の傘を差した通行人や，送電線下に駐車した自動車のドアに人体が触れたとき，電撃刺激を感

じる恐れがある。このため，電気設備基準に送電線下で地上 1 m における電界強度が 30 V/cm 以下と定めている。

静電誘導障害の軽減対策としては，送電線下の電界強度を下げるため

（1）　鉄塔を高くして送電線の地上高を高くする。

（2）　送電線の下に，接地された遮へい線を張る。

（3）　2 回線送電ではたがいの送電線を逆相配列にする。

などがとられている。

10.3　コ　　ロ　　ナ

コロナとは部分放電現象であり，送電電圧を高くすると送電線導体の表面における電界強度が上昇し，これがある限度を超えると，導体周囲の大気をイオン化させ，音および青色の光を放つ放電である。コロナは大気をイオン化させ，生成された空間電荷は交流電圧の極性に応じて導体方向またはその逆方向に移動を繰り返し，電流を構成し，近傍に磁界および電界を形成する。

これらは短時間に伸展と消滅を繰り返すため，電流はパルス的になり，このためのエネルギー〔**コロナ損**（corona loss）〕を送電線から大気中に供給することになり，送電線にパルス電流が流れる。したがって，送電線にコロナが発生すると

（1）　コロナ損および電線のオーム損の電力損失を生じる。

（2）　送電線に流れるパルス電流により，線路近傍にあるラジオやテレビに**受信障害**（radio noise）を与える。これを**コロナ雑音**（corona noise）という。

（3）　放電により直接空間に放出される可聴音である**コロナ騒音**（audible noise）が発生する。これは特に降雨時に多く発生する。

10.3.1　コロナ開始電圧

線路が十分に長く，円筒状とみなせる等間隔配置の三相送電線の表面におけ

る電界 E は

$$E = \frac{V}{r \ln \dfrac{D}{r}} \quad \text{〔kV/cm〕} \tag{10.6}$$

　ただし，E：導体表面の電界強度〔kV/cm〕，V：1相の中性点に対す

る電圧（相電圧）〔kV〕，r：導体半径〔cm〕，D：導体間隔〔cm〕

となる。乾燥した空気が標準状態（20 ℃，760 mmHg）で絶縁破壊を起こす

電界強度は，直流で約 29.8〔kV/cm〕，正弦波交流実効値で 21.1〔kV/cm〕

である。したがって，コロナを開始する相電圧 V_c は，式(10.6)より

$$V_c = 21.1 r \ln \frac{D}{r} \quad \text{〔kV〕} \tag{10.7}$$

となる。これは，**コロナ開始電圧**または**コロナ臨界電圧**（disruptive　critical

voltage）と呼ばれる。コロナ開始電圧は，温度，気圧，湿度などの気象条件，

電線の表面の状態などにより影響される。これらを考慮した式としてはつぎに

示す Peek の式がある。

$$V_c = 21.1 \delta m_0 m_1 r \ln \frac{D}{r} \quad \text{〔kV〕} \tag{10.8}$$

　ただし，m_0：**電線表面状態に関する不整係数**（irregurality factor）

　　　　　＝ 1（磨かれた単線）

　　　　　＝ 0.93 ～ 0.98（表面の粗い単線）

　　　　　＝ 0.87 ～ 0.90（8本以上のより線）

　　　　　＝ 0.80 ～ 0.87（7本以下のより線）

　　　　m_1：天候係数，晴天を 1，雨，雪，霧などの雨天は 0.8，霜は

　　　　　0.7 ～ 0.6

　　　　$\delta = \dfrac{0.386\,p}{273 + t}$：**相対空気密度**（relative air-density），p は気圧

　　　　　〔mmHg〕，t は気温〔℃〕，標準状態で $\delta = 1$ である。

　式(10.8)は目に見えないコロナ（不可視コロナ）の臨界電圧である。さらに

電圧を上げていくと，導体周囲に紫色に輝く第二の放電が開始される。いわゆ

る**可視コロナ**（visible corona）である。Peek は**可視コロナの開始電圧**（visual critical voltage）V_{cv} として次式を与えている。

$$V_{cv} = 21.1 \delta m_v m_1 r \left(1 + \frac{0.301}{\sqrt{\delta r}}\right) \ln \frac{D}{r} \quad \text{[kV]} \tag{10.9}$$

δ, m_1 は式(10.8)と同様である。

> ただし，m_v：可視コロナに関する不整係数
> 　　　　　$= 1$ （磨かれた単線）
> 　　　　　$= 0.93 \sim 0.98$ （表面が粗い単線）
> 　　　　　$= 0.70 \sim 0.75$ （より線での部分コロナ）
> 　　　　　$= 0.80 \sim 0.85$ （より線での全コロナ）

より線の場合，電圧を上げていくとまず不可視コロナが発生し，つぎに電線は部分的に発光する。さらに電圧を上げると発光が全線に及ぶ。可視コロナに関して前者を**部分コロナ**，後者を**全コロナ**と呼ぶ。

10.3.2　コ　ロ　ナ　損

1相当たりのコロナ損を計算する式は，多くの研究者によって提案されている。Peek は次式を提案している。

$$P_c = \frac{241}{\delta} (f + 25)\left(\frac{r}{D}\right)^{\frac{1}{2}} (V - V_c)^2 \times 10^{-5} \quad \text{[kW/km]} \tag{10.10}$$

ただし，f：周波数 [Hz]，V：電線の相電圧 [kV]，V_c：コロナ開始電圧 [kV]

Peek の式は，V/V_c が 1.8 以下では実験値と差があることが知られているが，コロナ損に影響を与える要因を知るうえでは有用な式である。

一般にはつぎに示す Peterson の式，あるいはこれを修正した式が用いられている。

$$P_c = \frac{1.110\,66 \times 10^{-4}}{\left(\ln \dfrac{D}{r}\right)^2} fV^2 F \quad \text{[kW/km]} \tag{10.11}$$

ただし，F は実験により求められるコロナ係数であり，V/V_c の関数

となる。

10.3.3 コロナ雑音とコロナ騒音

コロナ放電が発生する際に流れるパルス電流はきわめて急峻な波形であり，そのスペクトルは広く，3 kHz から 30 000 MHz まで及ぶことが報告されている。この電流により，雑音電波（コロナ雑音）が発生する。

雑音電波の伝搬経路としては，**図 10.3** に示すように，変圧器を介して受信機の電源ノイズとして受信障害を起こす，いわゆる伝導による伝搬（伝導伝搬），放電エネルギーを搬送する電力線の近傍にある受信機のアンテナまたは受信回路へのパルス電流の誘導による伝搬（誘導伝搬），および電力線がアンテナとして空間に障害エネルギーを発する，すなわち放射による伝搬（放射伝搬）の三つの形態が，単独あるいは同時に伝搬されるものと考えられる。高周波帯域では，伝導および誘導による伝搬は線路距離の増加に伴い減衰するが，放射による伝搬が顕著になり，放電箇所近傍では受信障害を起こす可能性がある。

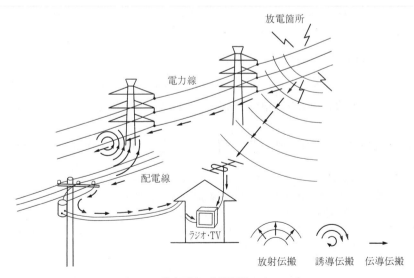

図 10.3 雑音電波の伝搬経路のイメージ

いずれの場合でも，受信障害は周波数の増加に対し，障害レベルは低下する。したがって，コロナ雑音による電波障害は一般的な AM のラジオ放送帯域であるといわれている。

コロナが発生し，導体周囲に空間電荷が移動するとき，可聴音を発する。特に降雨時には送電線上の雨滴の存在により多くのコロナ放電が発生し，コロナ騒音レベルが上昇する。

10.3.4　コロナ軽減対策

同一送電電圧に対してコロナ放電を抑制するには，導体表面の電界強度を下げることである。このためには式(10.6)より導体半径 r を大きくすることであるが，電線表面の傷や雨滴などにより，コロナが発生すると，式(10.10)よりコロナ損は半径 r の平方根に比例して増加する。これは，半径が大きくなると導体周辺の電界の減少が緩やかになり，コロナ放電の伸びが大きくなり，コロナ損，コロナ雑音が大きくなる。

導体周囲の電界強度を下げる方法として，**多導体**（bundle conductor）方式がある。多導体では同符号の電荷が複数の導体に分散するので，電線周囲の電界強度が単導体より低くなり，コロナ損も減少する。かつては導体半径を大きくするため中空導体や膨張形 ACSR などが用いられたが，現在は，コロナ開始電圧が高くとれるほかに，線路定数の項でも述べたように送電容量が大きくできるなどの理由により，超高圧送電のほとんどで多導体を採用している。

‖‖‖‖‖‖‖‖‖‖‖‖‖‖‖‖‖‖‖‖‖‖‖‖‖‖‖‖‖‖‖‖‖‖ **演　習　問　題** ‖‖‖‖‖‖‖‖‖‖‖‖‖‖‖‖‖‖‖‖‖‖‖‖‖‖‖‖‖‖‖‖

【1】　中性点接地方式と電磁誘導障害との関係について述べよ。
【2】　電磁誘導および静電誘導障害の軽減策について説明せよ。
【3】　架空送電線路のコロナが発生した場合の悪影響について述べよ。
【4】　送電線路のコロナが発生する雑音がテレビなどの受信機に達する伝搬経路について説明せよ。

11 直 流 送 電

　現在，世界のほとんどすべての国では，電力の発生から送配電，消費のほとんどすべてを交流方式で行っているが，そのような系統の途中に直流部分を挿入する系統が徐々に現れている。これは交流電力を直流に変換し，それをさらに電圧の大きさや位相，周波数の異なる交流電力に戻す半導体電力変換装置によっている。交流のみからなる系統の問題点を，直流部分を入れることにより解決したり改善できるためである。

11.1　直流送電の背景と概要

　世界的にもわが国においても，電気事業の歴史は 1880 年代に直流送電から始まったが，直流の場合には，変圧が困難で電圧が数百〜千 V 程度と低く，送電距離が長いと損失の割合が急激に大きくなるという問題があり，たかだか数 km 程度までがほとんどであった。

　交流機器の開発，改善とともに交流化が進展し，現在のほとんどすべての送配電は交流方式によっているが，1950 年代以降，ふたたび直流方式が注目されるようになった。これは，直流の長所が見直されたこと，交流方式の問題点が直流方式により補えることが明らかにされたこと，交流と直流を相互に変換する機器が発達したことなどによる。

　特に，電力系統の黎明期において導入された直流系統と比べると，最近の直流系統は，電圧が十万〜数十万 V と高い（そのため高圧直流あるいは **HVDC,** high voltage direct current とも呼ばれる）ことと，直流系統が独立に使われるのではなく，交流系統の中の一部として使われることなどの相違が

ある。

当初，直流送電のための変換装置には，水銀整流器が用いられていたが，半導体素子の性能の向上とともにその導入が進められ，現在では新規の導入ではすべて半導体素子（多くはサイリスタ）を用いている。わが国で最初の佐久間周波数変換所の変換装置も，導入当初は水銀整流器であったが，その後サイリスタを用いたものに置き換えられた。

直流方式が交流方式に比べて優れている点およびそれを生かした用途は，つぎのようである。

（1） 安定度の問題がない。交流の場合の送電電力の大きさを決める支配的因子は送電線路両端の電圧の位相差であり，大電力ならびに長距離になるほど位相差が大きくなり，不安定になりやすい。直流の場合は電圧差により送電し，交流の場合のような不安定要因はない。したがって，大電力，長距離送電に適している。

（2） 交流系統では，短絡事故時に短絡地点に向けて無効分を主とする大電流が流れ込む。直流系統は無効電力を通さないので，高密度負荷地域の環状連系系統などに直流系統を挿入することにより，**短絡容量**の増大を防ぐことができる。

（3） 同一電力を同じ損失率で送る場合の対地電圧を低くでき，電線の間隔を少なくできるので，鉄塔を小形にできる（損失率が同じで導体の断面積が同じとした場合の所要対地絶縁レベルは，三相3線式交流に比べて中性点接地直流2線式の場合は 87 ％になる）。

（4） **非同期系統連系**が可能で，周波数の異なる系統間の連系ができる。わが国の 50 Hz，60 Hz 地域間の連系はこの点によっている。

（5） 多経路送電や環状系統における**電力潮流制御**が容易に行える。またサイリスタの点弧位相制御が迅速にできるため，系統の安定化に役立てることもできる。

（6） 交流電力をケーブル系統で送るときに，分布静電容量に流入する進み電流により送電容量が制限されたり，誘電体損失や調相などの問題があ

るが，直流の場合にはそのような問題がないので，海底送電，高密度都
市の中心部への地中送電などに適する。

一方，直流送電の欠点としては，つぎのようなものがある。

（1）　交流と直流の間の変換装置が必要で，高価であるため，導入が制限さ
れる。

（2）　交直の変換には無効電力の供給が必要であり，短絡容量の小さな系統
において，安定的に変換動作をさせるためには，同期調相機を設置する
必要がある。

（3）　直流電流には，交流のように周期的に電流が零になる点がなく，直流
系統内の短絡故障の際，交流のような遮断器で大電流を遮断することが
難しく，二端子直流系統の協調的な制御により故障に対処する方式が採
用されるため，多端子系を構成することが困難である。

（4）　変換装置からは高調波，高周波を発生するため，その障害を防止する
ための対策を必要とする。

（5）　大地あるいは海水を帰路とした場合には，直流電流により電食を起こ
したり，磁気コンパスなどへの影響がある。

電力の発生段階，配電および利用段階では交流方式が優れ，かつ広く定着し
ているので，直流方式は上記の長所を生かすようにして，交流系統の中に部分
的に取り入れられている。

11.2　直流送電系統の構成

交流系統中の直流送電系統の接続には**図 11.1** のように，三相ブリッジ結線
と呼ばれる方式がとられることが多い。

変換電力，電圧，電流などにより，これらが直列あるいは並列に接続されて
大容量変換装置となる。また，回路構成は，**図 11.2** のように単極 1 回線で，
帰路を大地あるいは海水とする場合と導体とする場合，中性点を接地した双極
1 回線方式などが基本的であるが，ほかに多少変形したものもある。

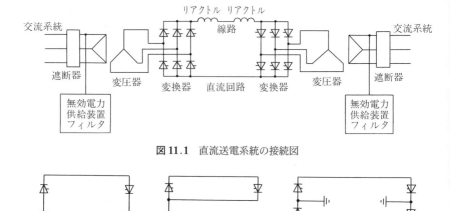

図 11.1　直流送電系統の接続図

単極 1 回線大地帰路　　　単極 1 回線導体帰路　　　双極 1 回線中性点両端接地
　　　　　　　　　　　　　（北海道-本州）

図 11.2　回 路 構 成

　直流回路の両端には通常同一の回路構成と容量の交直変換装置があり，一方が交流電力を直流に変換する**順変換装置**（rectifier）として，他方が直流電力を交流に変換する**逆変換装置**（inverter）として運転するが，制御により，接続を変えることなく電力の方向を逆転できる。

　直流回路において電流はつねに一方向のみに流れるが，電力の流れの方向の逆転は電圧の正負を逆にすることにより行う。

　直流遮断器がないので，直流回路における故障に対しては，両端の変換装置をいずれも逆変換運転状態にして直流回路に蓄えられたエネルギーを放出して，直流電流を減少した後に点弧信号を停止して直流系を停止する方式がとられるが，変換器を含む故障に対しては交流側遮断器により遮断する。

11.3　直流送電の動作原理と制御方式

　三相ブリッジ接続された変換装置の構成図および順変換時の波形と転流の状況は，**図 11.3** および**図 11.4** のようである。

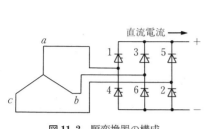

図 11.3　順変換器の構成

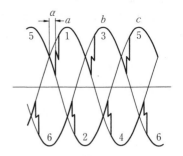

図 11.4　順変換時の波形

　サイリスタバルブは電流を遮断する能力はないが，通電中のバルブよりも通電しやすいバルブを点弧することにより，それまで通電していたバルブの電流を移して切る（これを**転流**という）ことができ，そのように順次転流することにより直流に整流する。

　例えば，図 11.3 における変圧器の変換器側巻線に図 11.4 のような三相交流が発生している場合，正極側については，a 相につながるバルブ 1 が通電しているときに，b 相の電圧が a 相よりも大きくなると，バルブ 3 を点弧すればバルブ 1 は通電を停止してバルブ 1 から 3 への転流が行われる。同様にバルブ 3 から 5 へ，さらに 1 へと転流が行われ，負極側でも同様な転流が行われる。

　転流は，変圧器巻線のインダクタンスを通して行われるため，転流完了までに重なり角と呼ばれる角度に相当する時間を要し，この間は二つのバルブが同時に導通している。

　直流電圧の大きさは，点弧位相（図 11.4 における α で 90°以下）により制御され，直流電圧波形は図 11.4 の太線で挟まれた部分によって示される。

　交流電源の線間電圧を E，転流リアクトルを X，制御角を α，重なり角を u，直流電圧を V_d，直流電流を I_d とすれば

$$V_d = \frac{3}{\sqrt{2}\,\pi} E \left\{ \cos\alpha + \cos(\alpha + u) \right\} = \frac{3\sqrt{2}}{\pi} E \cos\alpha + \frac{3}{\pi} X I_d$$

$$力率 = \left\{ \cos\alpha + \cos(\alpha + u) \right\}$$

なる関係が成り立ち，制御角 α により，直流電圧が制御される。その際，α が

大きくなると力率が下がり，必要な無効電力が大きくなることがわかる。

一方，逆変換運転側では，点弧位相 β は，$\beta < 90° = 180° - \alpha = u + \gamma$ である。例えば，**図11.5**の接続図に対する波形曲線を示す**図11.6**において，正極側 a 相につながるバルブ4が通電しているときに，b 相の電圧が a 相より小さいうちは，バルブ6のほうが通電しやすいため，バルブ6を点弧すればバルブ4から6に転流させることができる。他のバルブ間および負極側についても同様に転流が行われ，つぎつぎとバルブを転流させることにより直流を交流に変換しつつ電力を交流系統に送り出すことができる。

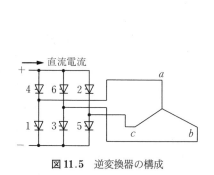

図11.5 逆変換器の構成 **図11.6** 逆変換時の波形

順変換器側と同様に，交流側の電圧 E との直流側の電圧 V_d，電流 I_d，制御進み角 β，重なり角 u，余裕角 γ の関係はつぎのようになる。

$$V_d = \frac{3}{\sqrt{2}\,\pi} E \{\cos\gamma - \cos(\gamma + u)\} = \frac{3\sqrt{2}}{\pi} E \cos\gamma - \frac{3}{\pi} XI_d$$

力率 $= \{\cos\gamma + \cos(\gamma + u)\}$

変換電力は，点弧位相により制御される直流電圧と，直流線路両端の電圧差によって制御される電流との積で決められる。

図11.7(a)に示すように，順変換器側では点弧角 α を一定とし，逆変換器側では余裕角 γ （＝制御進み角 β − 重なり角 u） 一定として，電流一定運転することが多い。

電力潮流の反転は，電流方向を一定のままで点弧制御により電圧の極性を反転させることにより行うが，約0.2秒以下で反転できる。これは，図(b)のよ

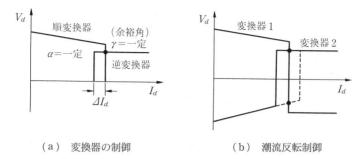

（a）　変換器の制御　　　　　　　（b）　潮流反転制御

図 11.7　変換装置の基本的制御方式

うに電流設定値を変更することにより行われる。

11.4　直流送電の導入状況

　現在までに，世界で導入されている高電圧直流送電系統 HVDC（high volt-age direct current）は，40 余箇所に達するが，そのうち代表的なものおよびその仕様は**表 11.1** のようである。

　世界的には主として，長距離大電力送電，海底ケーブル送電による海峡横断送電や離島との間の送電などにおいて用いられている。

　わが国では，東西の 50 Hz，60 Hz 両地域間の連系のための周波数変換装置 FC（frequency converting equipment）として 3 箇所（佐久間周波数変換所，新信濃変電所，東清水変電所），北海道−本州間の海底ケーブル送電用に 1 箇所で用いられており，これらの導入により，北海道から九州・四国までのすべての電力系統が連系された。このようにこれまでは，全国的な広域運用の実現にかかわるネックを解消する技術的手段として直流系統が採用されてきた。

　さらに，2019 年現在，わが国で新たに建設が進んでいる直流系統には，異なる周波数地域の東西両地域を結ぶ周波数変換装置が 2 箇所（新佐久間，東京中部間連系の飛驒―信濃間）と，増設として東清水変電所がある。また，同一周波数の交流系統を環状に結ぶ系統が 2 箇所（南福光連系，紀伊水道系統）ある。

表 11.1　世界のおもな直流送電

国　名	系　統	送電線路距離〔km〕			バルブの形	直流電圧〔kV〕	直流電流〔A〕	容量〔MW〕	運転開始〔年〕	導入目的・特徴
		架空線	ケーブル	総計						
英・仏	英仏連系	0	65	65	水銀 サイリスタ	±100 ±270	1 500 926	150 500	1961 1986	電力融通，海底ケーブル
デンマーク〜スウェーデン	コンテスカン連系	95	85	180	水銀 サイリスタ	250 285	1 000	250 300	1965 1988	非同期連系，海底ケーブル
米　国	太平洋岸連系	1 362	0	1 362	水銀 サイリスタ	±400 ±500	1 800 3 100	1 440 3 100	1970	長距離送電
日　本	北海道-本州(北本)(初期)(更新)	122	44	166	サイリスタ サイリスタ	125 ±250	1200	150 600	1979 1981	系統間連系，海底ケーブル
	新北本(青函トンネル)	98	24	122	IEGT	250		300	2019	
	新信濃	0	0	0	サイリスタ	125	4×1200	600	1977~92	異周波系統
	東京中部間連携・飛騨-信濃	90	0	90	サイリスタ	±200	2×2250	900	2021運開目標	異周波系統
	佐久間(初期)(更新)	0	0	0	水銀 サイリスタ	2×125	1200	300	1977~92 1993	異周波系統
	新佐久間(仮称)	0	0	0				300	2027運開目標	異周波系統
	東清水	0	0	0	サイリスタ	125	2400	300	2013	異周波系統
		0	0	0		125	2×2400	600	2027運開目標	
	南福光	0	0	0	サイリスタ	125	2400	300	1998	環状系統潮流制御，BTB
	紀伊水道(初期)(設計)	51	51	102	サイリスタ	±250 ±500	2800	1400 2800	2000	環状系統潮流制御，海底ケーブル

　南福光直流連系設備は，中部電力，北陸電力，関西電力の間を連系する際に，交流環状系統になって潮流調整上の困難が生じるのを避けるため，環状系統の一部に直流系統を挿入している。この場合，同一周波数どうしの交流系統

を周波数変換装置の直流側を背中合わせに接続することから，BTB（back to back）と呼ぶ。

　紀伊水道直流連系は，徳島県阿南市の橘湾火力発電所の発生電力の一部を近畿地方に送る際，紀伊水道横断系統は，海底ケーブル系統にせざるをえないことと，既設の瀬戸内海経由の系統を通じて環状系統を形成することになるので，潮流調整の困難な交流環状系統とするのを避けるため，直流系統を導入することになった。

演 習 問 題

【1】　直流送電方式と交流送電方式の長所，短所を比較せよ（電験2種口述問題）。

【2】　送電電力，損失率，電線の断面積が同じとした場合，双極1回線中性点接地方式直流送電と三相3線式交流と比較すれば，対地絶縁レベルの比はどうなるか。

Ⅱ 編

配電系統

12 配電系統の構成

　配電系統とは，送電系統により送られた電力を配電用変電所から各需要家に供給する線路をいう。送電系統では，発電所から一次変電所，一次変電所から二次変電所または開閉所のように，基本的には単一電源，単一負荷の形で系統を構成している。それに対して，配電系統は，配電用変電所から末端の負荷まで連続的にいろいろな負荷の存在する複雑な回路となる。

　歴史的な流れとしては，1950年代においては電力供給不足により，新鋭火力，水力発電所の新設と超高圧送電網の拡充に重きを置かれたが，1970年代からは，良質の電力供給という面から配電部門が注目され，近年では，さらに配電近代化，自動化への傾向が強まっている。ここでは配電系統の構成について解説する。

タイトル写真：身近な電力設備；6 600 V 配電用電柱〔東京電力(株)提供〕

12.1　樹 枝 状 方 式

変電所より需要家に供給される一次系を**図 12.1** に示す。それぞれ，フィーダ，幹線，分岐線部分と区別して呼んでいる。

（1）　フィーダ（給電線）部分：変電所から幹線までの途中負荷の接続されない部分をいう。

（2）　幹　　　線：配電線路一次系の主要部分をいう。フィーダより下流の負荷と分岐線の接続される部分である。

（3）　分　岐　線：幹線からの分岐した部分で，支線または枝線ともいう。

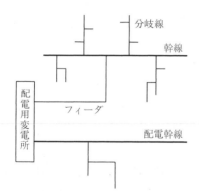

図 12.1　配電系統の概念図

図 12.2 は**樹枝状配電方式**（tree system）の例である。施設費が最も安いなどの理由で一般的に採用されている方式であるが，以下に述べる環状方式（ループ式），ネットワーク方式などの配電方式に比較して，供給信頼度が低いこと，末端における電圧変動が大きいなどの欠点がある。

市街地などの負荷密度の高い区域では，この欠点を補うために，隣接する配電線から電力の供給が受けられるように幹線の途中または末端に常時開放の開

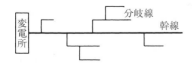

図 12.2　樹枝状配電線の例

閉器を設置して，故障時に隣接線路に接続することにより，停電区間の局部化を図ることがある。

12.2 環状配電方式（ループ式）

線路が**図 12.3** のように電気的に環状になっている方式を**環状配電方式**（loop system）という。図中の結合開閉器 S を通常は開放しておき，事故時などに開閉器を閉じて電力を A または B 側に逆送する場合を常時開路方式といい，また，通常閉路している場合を常時閉路方式という。

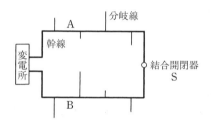

図 12.3 高圧ループ配電幹線の例

区分開閉器は事故時または作業停電時に，停電区間を最小にするために設置しているが，この区間を自動化すればさらに効果的である。

環状配電方式は電源が常時 2 方向にあるので，供給信頼度は樹枝状配電方式に比較して高い。さらに，常時閉路方式では電圧降下および電力損失が軽減され，配電容量が増加するなどの利点がある。

しかし，わが国では，非接地系で高感度選択接地保護継電方式を採用するのが一般的であるが，この場合，環状方式の保護方式が複雑となるため，常時開路方式として運転している。また，常時閉路方式の系統短絡容量が樹枝状配電方式に比較して大きくなる欠点がある。

12.3 一次ネットワーク方式

大都市の高負荷密度化および大都市周辺部における人口・産業の過度集中が

進み負荷密度が高くなったこと，高い供給信頼度が要求されるようになったことなどから，近年，都市配電としてネットワーク配電が採用されるようになった。

一次ネットワーク方式（primary network system）は，二次系のネットワーク方式の長所を取り入れ，米国で発達したもので，その例を**図12.4**に示した。図のように，2回線以上の送電線から供給される配電用変電所群を一次配電線で連結する方式である。

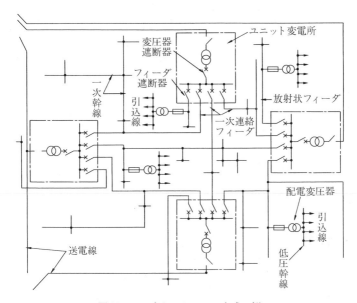

図 12.4　一次ネットワーク方式の例

　わが国のように，一次系が非接地三相3線式で高感度選択接地保護継電方式を採用している系統では，この方式をそのまま採用することは難点がある。

12.4　二次（低圧）バンキング方式

　二次バンキング方式（secondary banking system）は，二次系に適用される方式で，同じ一次配電線に接続されている2台以上の変圧器の二次幹線を相

互に接続して，負荷の融通を図る方式である。

二次バンキング方式の代表例を**図12.5**に示した。図（a）は**線状バンキング方式**（line banking system），図（b）は**環状バンキング方式**（loop banking system），図（c）は**格子状バンキング方式**（grid banking system）である。

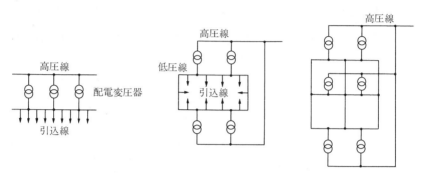

（a） 線状バンキング方式 （b） 環状バンキング方式 （c） 格子状バンキング方式

図12.5 二次バンキング方式の代表例

二次バンキング方式は，変圧器ごとに独立な低圧樹枝式とする方式に比較して，つぎのような長所を有する。

（1） 電圧動揺（フリッカ電圧）が少ない。

（2） 変圧器容量および低圧線銅量を節減できる。

（3） 常時の電圧降下および電力損失を軽減できる。

（4） 需要増加に対して融通性がある。

（5） 単相3線式では，変圧器が相互に電圧不平衡を軽減する作用をする。

（6） 故障保護対策が適当ならば供給信頼度が高い。

二次バンキング方式は，特殊な装置や大なる経費を要せずに，低圧配電網の常規運転に必要な要件の大部分が得られる方式である。しかし，バンキング方式では，それに供給する高圧線は1回線のみであるから，高圧線側に故障が生じた場合は停電はまぬがれない。

バンキング方式では，故障保護対策が適当でなければ，故障時に**カスケーディング**（cascading）という停電区間が波及する障害が生じることがある。

12.5　二次ネットワーク方式

　二次バンキング方式は，一次系の故障で二次系が停電となる。これを防止するために**図12.6**に示すように，同じ母線から出る2回線以上のフィーダから供給することにより，あるフィーダに故障が起こっても二次系需要家に無停電供給できる方式を，二次ネットワーク方式という。二次ネットワーク方式には，レギュラネットワーク方式（図(a)）とスポットネットワーク方式（図(b)）がある。

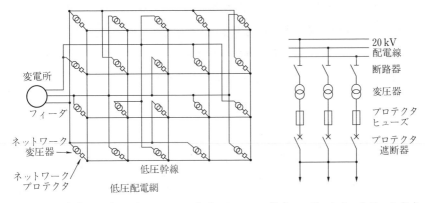

（a）　レギュラネットワーク方式　　　（b）　スポットネットワーク方式

図12.6　二次ネットワーク方式

　レギュラネットワーク方式は，二次系幹線を格子状に接続し，保護装置ネットワークプロテクタを通してネットワーク変圧器から電力を供給する。隣接する変圧器は，通常異なるフィーダに接続されている。一次系フィーダの事故は変電所遮断器とプロテクタで区分遮断し，二次側は無停電となる。二次側の短絡事故に対してリミタ（ヒューズ）などにより故障区間を除去する。

　本方式は給電信頼度が高く，電圧変動も小さい利点がある。負荷密度が高い地域でないと経済的に実施が困難である。

　スポットネットワーク方式は，工場・ビルなどに広く採用されている方式で

ある。異なる一次側フィーダ〔通常は2～4回線（標準は3回線）〕から数バンクの変圧器にそれぞれ供給し，二次側はネットワークプロテクタを介して同じ母線に接続し，さらに母線より幹線保護装置を経て負荷に電力を供給する。

ネットワーク変圧器は，22（33）kV配電線の事故など，引込回線1回路の停止の場合でも，他の引込回路により，負荷の最大需要電力は残りの変圧器の過負荷運転によりまかなわれる。ビル・工場・病院など需要が大きく，高度の信頼性を必要とするところに採用される。

12.6　地　中　配　電

わが国の配電系は，主として架空配電方式であるが，近年，都市の環境・美観を重視して地中配電を行う場合が多い。地中配電系統は，事故時の復旧には架空配電線に比べて一般に長い時間を要するため，高い信頼度の系統構成が要求される。そのため，**図12.7**に示すような常用予備切換方式または連絡方式が採用される。

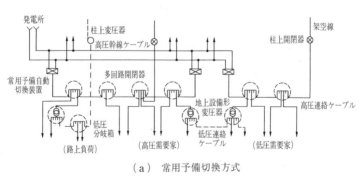

（a）　常用予備切換方式

（b）　連絡線方式

図12.7　地中配電系統構成の例

12.7　配電電圧の高圧化

　配電幹線の電圧は 3.3 kV から 6.6 kV に昇圧されたが，近年になって都市部などにおける負荷密度の増大により配電幹線の 2 万 V 化が検討され，一部地域で実施されている。

12.8　配電系統の標準電圧

　配電線路とは，発電所，変電所または送電線路と需要設備間，および需要設備相互の 5 万 V 未満の電線路とこれに付属する開閉所，その他の電気工作物をいう。

　電圧については，直流にあっては 750 V 以下，交流にあっては 600 V 以下のものを**低圧**，低圧上限を超えて 7 000 V 以下のものを**高圧**，7 000 V を超えるものを**特別高圧**と分類されている。送配電系統において使われる標準電圧は，JEC-0222（2009）につぎのように規定されている。

　（1）　電圧が 1 000 V を超える電線路の公称電圧および最高電圧　　電圧が 1 000 V を超える電線路の公称電圧および最高電圧は，**表 12.1** の値を標準とする。ただし，発電機電圧による発電所間連絡電線路の公称電圧および最高電圧は，やむをえない場合においてはこれによらなくてもよい。

　（2）　電圧が 1 000 V 以下の電線路の公称電圧　　電圧が 1 000 V 以下の電線路の公称電圧は，**表 12.2** の値を標準とする。ここで，電線路の公称電圧とはその電線路を代表する線間電圧，最高電圧とはその電線路に通常発生する最高の線間電圧である。

　わが国の配電幹線の電圧は，昭和 30 年後半まで三相 3 線式の 3 300 V であったが，40 年前半にかけて 6 600 V 化が全国的に推進され，現在ではほとんどが 6 600 V である。最近では都市部における需要密度増加による配電線の大容量化が必要となり，22 kV 配電線の拡充が進められている。

表 12.1　電線路の公称電圧と最高電圧（1 000 V を超える電線路）

公 称 電 圧〔V〕	最 高 電 圧〔V〕	備　　　　考
3 300	3 450	
6 600	6 900	
11 000	11 500	
22 000	23 000	
33 000	34 500	
66 000	69 000	一地域においては，いずれかの電圧のみを採用する。
77 000	80 500	
110 000	115 000	
154 000	161 000	一地域においては，いずれかの電圧のみを採用する。
187 000	195 500	
220 000	230 000	一地域においては，いずれかの電圧のみを採用する。
275 000	287 500	
500 000	525 000/550 000/600 000	最高電圧は，各電線路ごとに3種類のうちいずれか1種類を採用する。
1 000 000	1 100 000	

表 12.2　電線路の公称電圧（1 000 V 以下の電線路）

公称電圧〔V〕
100
200
100/200
230
400
230/400

12.9　配　電　方　式

わが国の配電系統はすべて交流式で，1 000 V 以下の電線路の電気方式および結線法を**表 12.3** に示す。

この中で，① の単相2線式はあまり用いられず，② の小容量負荷は電圧線と接地された中性線間に，大容量負荷は電圧線間に接続する単相3線式が採用されている。③ は三相3線式の Δ 結線と V 結線である。④ は V 結線の電灯動力共用方式として 200 V 電動機動力負荷に三相 200 V で供給し，単相 100 V

表12.3　各種配電方式

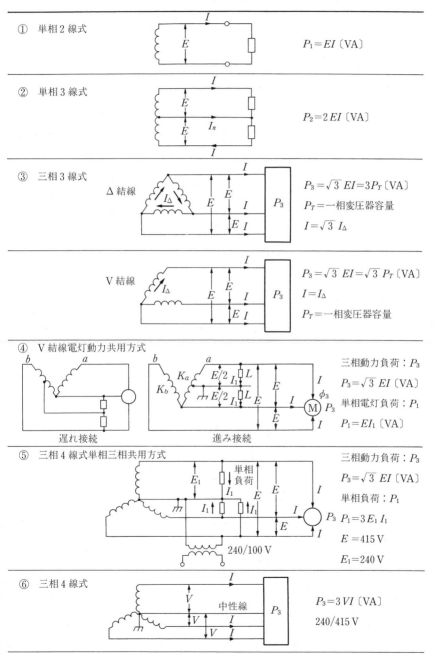

① 単相2線式

$P_1 = EI$〔VA〕

② 単相3線式

$P_2 = 2EI$〔VA〕

③ 三相3線式

△結線

$P_3 = \sqrt{3}\,EI = 3P_T$〔VA〕

$P_T =$一相変圧器容量

$I = \sqrt{3}\,I_\Delta$

V結線

$P_3 = \sqrt{3}\,EI = \sqrt{3}\,P_T$〔VA〕

$I = I_\Delta$

$P_T =$一相変圧器容量

④ V結線電灯動力共用方式

遅れ接続　　　　進み接続

三相動力負荷：P_3

$P_3 = \sqrt{3}\,EI$〔VA〕

単相電灯負荷：P_1

$P_1 = EI_1$〔VA〕

⑤ 三相4線式単相三相共用方式

単相負荷

$240/100\,V$

三相動力負荷：P_3

$P_3 = \sqrt{3}\,EI$〔VA〕

単相負荷：P_1

$P_1 = 3E_1 I_1$

$E = 415\,V$

$E_1 = 240\,V$

⑥ 三相4線式

中性線

$P_3 = 3VI$〔VA〕

$240/415\,V$

小容量負荷に同時に供給する方式である。⑤ は 415 V の三相負荷と 240 V 単相負荷の共用回路である。⑥ は三相 4 線式回路である。

12.9.1　単　相　3　線　式

（**1**）　**単相 3 線式（バランサなし）**　　表 12.3 の ② に示す回路で，中性線と電圧線間で 100 V，両電圧線間で 200 V の単相負荷に供給する。両電圧線の電流をそれぞれ I_A，I_B とすると中性線電流 I_n は $I_n = I_B - I_A$ で，両端の 100 V 負荷が平衡している場合は $I_n = 0$ となる。

この方式で注意することは，中性線が断線すると両側負荷が不平衡の場合は電圧が不平衡となり，特に小負荷側に電圧上昇が起こり機器に損傷が生じる恐れがある。

図 12.8 における各線の電圧，電流は次式となる。

$$I_n = I_B - I_A \tag{12.1}$$

$$V_A = r_a I_A + V_{an} - r_n I_n \tag{12.2}$$

$$V_B = r_n I_n + V_{nb} + r_b I_B \tag{12.3}$$

$$V_{an} = V_A - r_a I_A + r_n I_n \tag{12.4}$$

$$V_{nb} = V_B - r_b I_B - r_n I_n \tag{12.5}$$

$$V_{ab} = V_{an} + V_{nb} \tag{12.6}$$

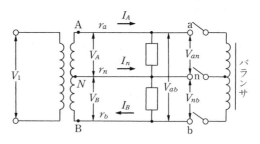

図 12.8　単相 3 線式回路

[例題] **12.1**　図 12.8 の回路で，$V_1 = 6\,300$ V，$V_{AB} = 210$ V（AB 間），$V_A = V_B = 105$ V，$I_A = 100$ A，$I_B = 120$ A である。$I_n = I_B - I_A = 20$ A，低

圧側電線1線当たりの抵抗を $0.05\,\Omega$ とすると，負荷電圧はいくらか。

解答 式(12.1)～(12.6)より数値を代入して計算すると

$V_{an} = 101\,\mathrm{V}$, $V_{nb} = 98\,\mathrm{V}$, $V_{ab} = 199\,\mathrm{V}$ となる。

（2） バランサ設置単相3線式 　　前記（**1**）のような両電圧線電流の大きさ
の違いによって生じる電圧不平衡を解消するため，図 12.8 に示すように，線
路の末端にバランサを設置する方法である。

このバランサは 1：1 の単巻変圧器の一種で，**図 12.9** のように A 電圧線の
電流が B 電圧線より小さい場合には，バランサ電流 i_B が A，B 両端子に流入
する。反対に B 電圧線電流が A 電圧線電流より小さい場合には，バランサ電
流 i_B' が両端子から流出し，中性線電流を 0 にするように作用し，両電圧，電
流を平衡化する。バランサ電流は，バランサを接続する前の中性線に流れる電
流 I_n の 1/2 となる。

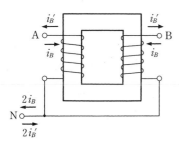

図 12.9 バランサの原理図

例題 **12.2** 　例題 12.1 の回路において，バランサを接続したときのバランサ
電流および末端の電圧を求めよ。

解答 **図 12.10** に示すように，電圧線 A の電流 $I_A = 100 + i_B$，電圧線 B の電流
$I_B = 120 - i_B$，中性線電流 $I_n = 20 - 2\,i_B$

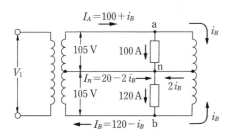

図 12.10 バランサ設置単相3線式
　　　　回路の計算例

電圧線 A の回路では

$$105 = 0.05(100 + i_B) + V_{an} - 0.05(20 - 2i_B)$$

電圧線 B の回路では

$$105 = 0.05(20 - 2i_B) + V_{nb} + 0.05(120 - i_B)$$

両式より $V_{an} = 101 - 0.15i_B$, $V_{nb} = 98 + 0.15i_B$

$V_{an} = V_{nb}$ となる条件から $i_B = 10$ A が求まる。

これより，電圧線 A の電流 $I_A =$ 電圧線 B の電流 $I_B = 110$ A，中性線電流 $I_n = 0$, $V_{an} = V_{nb} = 99.5$ V, $V_{ab} = 199$ V となる。

12.9.2 三 相 3 線 式

（1） Δ 結 線　表12.3の③の方式で，配電系統では一次，二次ともに Δ 結線の変圧器を用いるのが一般的である。

（2） V 結 線　Δ 結線の1相の変圧器を省いた方式で，送電容量は1相の変圧器の定格電流が線路電流となるため，1相の変圧器の定格容量 P_T の $\sqrt{3}$ 倍となる。

（3） V結線電灯動力共用回路　表12.3の④に示す方式で，V結線三相3線式回路で三相動力負荷と単相負荷に同時に電力を供給する。

変圧器容量と負荷の関係は，共用相変圧器容量を K_a〔VA〕，専用相変圧器容量を K_b〔VA〕，三相動力負荷を P_3〔VA〕，単相負荷を P_1〔VA〕とすると，次式で表される。

$$K_a = \sqrt{P_1^2 + \frac{P_3^2}{3} + \frac{2}{\sqrt{3}} P_1 P_3 \cos(\phi_3 - \phi_1 \pm 30°)}$$

$$K_b = \frac{1}{\sqrt{3}} P_3$$

ただし，$-30°$ は遅れ接続，$+30°$ は進み接続，ϕ_1, ϕ_3 はそれぞれ単相，三相負荷電流の位相角を示す。

12.10　配電線路の銅量比較

表12.3の配電方式の中で，単相2線式，単相3線式，三相3線式，三相4線式の電線銅量の比較をすると，**表12.4** のようになる。ただし，どの方式で

表 12.4　配電線路の電線銅量比較

	電線1線の抵抗	電力	線路損失	抵抗比	電線重量比
単相2線式	R	$VI \cos\theta$	$2I^2R$	1	1
単相3線式	R_2	$2VI_2 \cos\theta$	$2I_2{}^2R_2$	$\dfrac{R_2}{R}=\left(\dfrac{I}{I_2}\right)^2$ $=4$	$\dfrac{3W_2}{2W}=\dfrac{3}{2}\cdot\dfrac{R}{R_2}$ $=\dfrac{3}{2}\times\dfrac{1}{4}$ $=0.375$
三相3線式	R_3	$\sqrt{3}\,VI_3 \cos\theta$	$3I_3{}^2R_3$	$\dfrac{R_3}{R}=\dfrac{2}{3}\left(\dfrac{I}{I_3}\right)^2$ $=2$ $(I=\sqrt{3}\,I_3)$	$\dfrac{3W_3}{2W}=\dfrac{3}{2}\cdot\dfrac{R}{R_3}$ $=\dfrac{3}{2}\times\dfrac{1}{2}$ $=0.75$
三相4線式	R_4	$3VI_4 \cos\theta$	$3I_4{}^2R_4$	$\dfrac{R_4}{R}=\dfrac{2}{3}\left(\dfrac{I}{I_4}\right)^2$ $=6$	$\dfrac{4W_4}{2W}=\dfrac{4}{2}\cdot\dfrac{R}{R_4}$ $=\dfrac{4}{2}\times\dfrac{1}{6}$ $=0.333$

も，同一距離に同じ線路損失（銅損）で同一電力を送るものとする。

　この場合，各負荷端子電圧を同じとして比較するが，単相2線式の線間電圧を 100 V とすると，単相3線式では 100/200 V で実用に即しているが，三相3線式では線間電圧が 100 V，三相4線式では線間電圧が 173 V となり実用的ではないが，ここでは，電線重量を比較するだけの目的で負荷端子電圧を等しくしたためにこのような結果となった。

13 配電線の電気的特性

　配電線路は，抵抗，インダクタンス，キャパシタンス，漏れコンダクタンスの4個の線路定数が連続して存在する回路である。そのため，配電線路の電気的特性を計算するには，これらの定数を求める必要がある。しかし，配電線路は送電線に比べて距離が短く，電圧も低いために，定常状態では線路定数として抵抗とインダクタンスだけを考えて，その他は無視することができる。

　また，配電線路は配電所から末端までの負荷分布が複雑であるため，線路電圧降下，電圧変動率などの電気的特性を求める計算は，末端集中負荷の場合のように簡単ではない。

13.1 電 圧 降 下

（1）　**電圧降下等価抵抗**　配電線の電圧降下は線路上に負荷が連続して存在するために複雑になるが，**図 13.1** のように線路末端に負荷が集中しているものとして計算すると，つぎのようになる。送受電端電圧をそれぞれ E_s，E_r とし，単位長〔km〕当たりの抵抗とリアクタンスがそれぞれ R，X の長さ L の線路を，電流 I が力率 $\cos\theta$ の負荷に向けて流れたときの関係式は

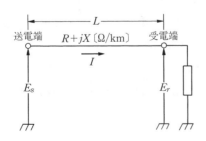

図 13.1　末端負荷集中線路

$$E_s = E_r + \{IRL \cos \theta + IXL \sin \theta + j\,(IXL \cos \theta - IRL \sin \theta)\} \tag{13.1}$$

となる。上式の関係を表すベクトル図を**図 13.2**に示すが，α が小さいときは一般的に虚数部は無視できるので次式となる。

$$E_s = E_r + IL\,(R \cos \theta + X \sin \theta) = E_r + SLI \tag{13.2}$$

ここで，$S = R \cos \theta + X \sin \theta$ を電圧降下等価抵抗と呼んでいる。

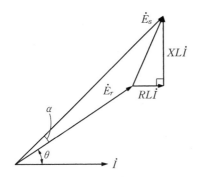

図 13.2　線路電圧降下ベクトル図

（2）　平等間隔平等分布負荷　　図 13.3 に示す，等間隔に等容量で等力率の負荷が接続されている線路の送電端から末端までの電圧降下 ε は，線路 1 条の電圧降下等価抵抗を $S = R \cos \theta + X \sin \theta$ とすると，次式で表される。

$$
\begin{aligned}
\varepsilon &= K\,(Sil + S\,2\,il + \cdots + Snil) \\
&= KSil\,(1 + 2 + \cdots + n) \\
&= \frac{KSiln\,(n+1)}{2} \\
&= \frac{KSiL\,(n+1)}{2}
\end{aligned}
\tag{13.3}
$$

ただし，i：負荷点電流〔A〕，l：負荷点の間隔距離 L/n〔m〕，L：配

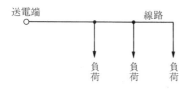

図 13.3　平等間隔平等分布負荷

電線の距離〔m〕，n：負荷総数，K：回路方式による係数，である。

平等間隔平等分布負荷において，負荷数が多くなると $n+1 ≒ n$ と考えることができるため次式となる。

$$\varepsilon = \frac{KSniL}{2} = \frac{KSIL}{2} \tag{13.4}$$

ここで，I は送電端電流で，この場合の電圧降下は電流 I が末端に集中している末端集中負荷の2分の1となる。

（3）　平等連続分布負荷　　高圧配電線における分散負荷では，一般に負荷点の数が多くなるため実用上連続分布負荷として考えられる（**図 13.4**）。

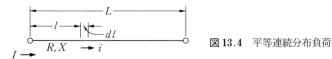

図 13.4　平等連続分布負荷

この場合の電圧降下は下記のように表される。

$$\varepsilon = \int i\,(r \cos \theta\, dl + x \sin \theta\, dl) \tag{13.5}$$

ただし，dl，r および x はそれぞれ単位長，単位長当たりの抵抗およびリアクタンス，i はその点での線電流である。

各負荷点の電流位相が同相（θ_R）ならば，上式は次式となる。

$$\varepsilon = \cos \theta_R \int ir\, dl + \sin \theta_R \int ix\, dl \tag{13.6}$$

（4）　分 散 負 荷 率　　分散負荷に対する線路電圧降下は式(13.3)〜(13.6)で求められるが，次式に定義する分散負荷率を用いると簡単に計算できる。

$$f = \frac{1}{IR} \int ir\, dl \tag{13.7}$$

線路に同じ電線を使用している場合は，抵抗 R とリアクタンス X との比は一定（$R:X = r:x$）であるので，式(13.6)において

$$\int ix\, dl = \frac{X}{R} \int ir\, dl \tag{13.8}$$

となり，電圧降下の式(13.6)は分散負荷率 f を用いて次式となる。

$$\varepsilon = fSI \tag{13.9}$$

ここで $S = r \cos \theta_R + x \sin \theta_R$ とする。

　表13.1 に，代表的負荷分布の形と分散負荷率および後に述べる分散損失係数を示す。

表13.1　分散負荷率と分散損失係数

負荷分布の形	末端単一負荷	平等分布負荷	末端ほど大なる分布負荷	中央ほど大なる分布負荷	送電端ほど大なる分布負荷
線　電　流 負荷電流	↑↓				
分散負荷率 f	1	0.500(1/2)	0.677(2/3)	0.500(1/2)	0.333(1/3)
分散損失係数 h	1	0.333(1/3)	0.533(8/15)	0.383(23/60)	0.200
$\beta\left(=\dfrac{h-f^2}{f-f^2}\right)$	$0 \sim 1$	0.333(1/3)	0.400	0.533(8/15)	0.400

（**5**）　**電 圧 降 下 率**　　線路の電圧降下の度合いを示す電圧降下率は，電圧降下を受電端電圧に対する百分率で表し，次式となる。

$$\varepsilon_a = \frac{E_s - E_r}{E_r} \times 100 \quad 〔\%〕 \tag{13.10}$$

ここで，E_s は送電端電圧，E_r は受電端電圧である。

（**6**）　**電 圧 変 動 率**　　電圧変動率は，全負荷時の受電端電圧と無負荷時の受電端電圧との差を全負荷時の受電端電圧との百分率で表したもので，次式となる。

$$\varepsilon_\beta = \frac{E_{R0} - E_R}{E_R} \times 100 \quad 〔\%〕 \tag{13.11}$$

ここで，E_R は全負荷時の受電端電圧，E_{R0} は無負荷時の受電端電圧である。

　また，この電圧変動率はある負荷点における最大受電電圧と最小受電電圧との変動幅として表したものである。この場合は次式となる。

$$\varepsilon_\gamma = \frac{E_{R\max} - E_{R\min}}{E_{\max}} \times 100 \quad (\%) \tag{13.12}$$

ただし，$E_{R\max}$ は負荷点最大受電電圧，$E_{R\min}$ は最小電圧である。

この式では負荷の変動による電圧変動ばかりでなく，電源電圧の変動によるものも含まれている。

13.2　電　力　損　失

配電線路の電力損失は，線路電圧降下の一因である線路抵抗の抵抗損失と，柱上変圧器の損失（鉄損および銅損），標遊負荷損および漏れ損失がある。しかし，配電線路の電力損失は，一般に線路抵抗損失についてのみ取り扱う。

（1）　電力損失の一般式　　配電線路損失は，線路抵抗と電流の二乗に比例した次式で表される。

$$W = NLrI^2 \quad (\text{W}) \tag{13.13}$$

ただし，I：線路電流，r：電線1本の単位長当たりの抵抗，L：線路の長さ（こう長），N：電線の本数，である。

（2）　分散負荷の電力損失　　上記式(13.13)は末端集中負荷に対するもので，配電線路のように線路全体にわたって負荷が分布している場合は，各負荷時点における損失を求め，線路全体にわたって積分しなければならない。各負荷点における電流を i，損失を w とすると，線路全体の損失 W は次式となる。

$$W = \int_0^L w \, dl = \int_0^L i^2 r \, dl \tag{13.14}$$

（3）　分散負荷の分散損失係数　　分散負荷の電力損失は式(13.14)で求められるが，つぎに定義する分散損失係数 h を用いると簡単に計算できる。分散損失係数 h は，送電端電流を I，任意の地点における電流を i，線路全抵抗を R，単位長当たりの抵抗を r，線路こう長を L とすると，次式で表せる。

$$h = \frac{W}{I^2 r L} = \frac{\displaystyle\int_0^L i^2 r \, dl}{I^2 R} \tag{13.15}$$

これを用いて，線路の電力損失 W は

$$W = hRI^2 = hrLI^2 = R_eI^2 \tag{13.16}$$

となる。ここで $R_e = hR$ を電力損失等価抵抗という。

（**4**）　**損 失 電 力 量**　　線路電流が時間的に変化する電流 $I(t)$ であるとき，T 時間内の損失電力量 W_t は次式で表せる。

$$W_t = \int_0^T I(t)^2 R\ dt \quad \text{〔kWh/線条〕} \tag{13.17}$$

T 時間内の電流最大値を I_m とし，最大電流 I_m のときの配電線の電力損失を W_m とすると，損失係数 H は次式のように定義される。

$$H = \frac{W_t}{W_m} = \frac{\int_0^T I(t)^2 R\ dt}{I_m{}^2 RT} \tag{13.18}$$

$$W_t = HRI_m{}^2 T = T_e I_m{}^2 R \tag{13.19}$$

ここで，$HT = T_e$ を等価時間という。

（**5**）　**分散負荷線路における損失電力量**　　分散負荷線路の電力損失は式(13.16)で求められるが，T 時間中の損失電力量 W_T は

$$W_T = \int_0^T \int_0^L i^2 r\ dl\ dt = rL \int_0^T hI^2 dt \tag{13.20}$$

h が T 時間中に変化しない場合は

$$W_T = HThI_m{}^2 R \tag{13.21}$$

となる。

（**6**）　**変圧器損失と変圧器の経済的使用**　　変圧器の損失は，負荷に関係ない一定の鉄損（固定損）と，負荷の二乗に比例する銅損（負荷損）からなる。

1日の運転での変圧器効率（全日効率）が最大になる条件は，負荷変動に対して1日の鉄損と銅損が等しくなることである。一般に，実際の負荷曲線に対して配電用変圧器の定格を負荷電流の最大値とすると全日効率は低い値となるため，1日の最大負荷時には，ある程度過負荷になるように使用するのが経済的である。

変圧器の全日効率は次式で示される。

$$\eta = \frac{1日の変圧器出力}{1日の変圧器出力 + 1日の鉄損 + 1日の銅損} \times 100$$

$$= \frac{FKP}{FKP + p_i + HK^2 p_c} \times 100$$

$$= \frac{1}{1 + \dfrac{1}{FP}\left(\dfrac{p_i}{K} + KH p_c\right)} \times 100 \quad 〔\%〕 \tag{13.22}$$

ただし，$P = VI_n \cos\phi = S\cos\phi$，　S：変圧器の定格出力，I_n：定格電流，p_i：定格鉄損，p_c：定格銅損，I_m：負荷曲線の最大電流，$K = I_m/I_n$：変圧器の過負荷率。

また，F：負荷率，H：損失係数 であるから，過負荷率 K を変化した場合の全日効率が最大になる条件は，$d\eta/dK = 0$ から，$HK^2 p_c = p_i$ である。すなわち，過負荷率 K は

$$K = \sqrt{\frac{p_i}{H p_c}} = \frac{1}{\sqrt{Ha}} \tag{13.23}$$

となる。ただし，$a = p_c/p_i$ は変圧器の定格銅損と定格鉄損の比で損失比といい，配電用変圧器の場合は $2 \sim 4$ の値に取っている。また，配電用変圧器の過負荷率は，普通の負荷状態では，最大負荷に対して定格容量の 120% 程度まで過負荷使用が可能である。

13.3　力　率　調　整

配電線路においても，力率を改善すれば，同一電力を送る場合，抵抗損失（線路，変圧器など）の減少，電圧降下の軽減などの効果がある。

配電負荷，特に自家用電気設備には誘導電動機などの低力率負荷が多い。電力会社の電気料金は，受電力率による基本料金の規定があるため，自家用電気設備では，コンデンサによる力率改善が行われる。

（a）　力率改善のためのコンデンサ容量の計算　　負荷電力のベクトル図を**図 13.5** に示す。

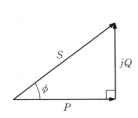

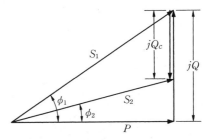

図 **13**.5　電力ベクトル図　　　図 **13**.6　力率改善の電力ベクトル図

この図を関係式に示すと

$$S = S \underline{/\phi} = S \cos \phi + jS \sin \phi = P + jQ \ \text{〔kVA〕} \quad (13.24)$$

となる。ここで，S〔kVA〕は皮相電力，ϕ は負荷力率角，$P = S \cos \phi$〔kW〕は有効電力，$Q = S \sin \phi$〔kvar〕は無効電力である。

いま，負荷電力 P〔kW〕はそのままで，力率 $\cos \phi_1$ を $\cos \phi_2$ に改善するのに必要なコンデンサ容量 Q_c は図 **13**.6 のように計算すると，次式となる。

$$Q_c = P\left(\tan \phi_1 - \tan \phi_2\right) = S_1 \cos \phi_1 \left(\tan \phi_1 - \tan \phi_2\right) \ \text{〔kvar〕}$$

$$(13.25)$$

この Q_c に対する負荷電力 P と皮相電力 S_1 との比を，改善後の力率 $\cos \phi_2$ をパラメータとして図示したのが図 **13**.7 および図 **13**.8 である。

（**b**）　**力率改善による設備容量の増加**　　変圧器容量は皮相電力（ボルト・アンペア容量）で決まるので，皮相電力 S_1 が，力率 $\cos \phi_1$ の負荷に容量 Q_c のコンデンサを並列に接続し，力率を $\cos \phi_2$ に改善すると，皮相電力は S_2 に

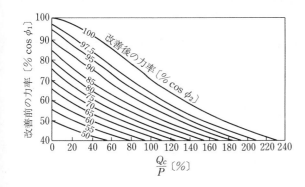

図 **13**.7　力率改善用コンデンサの容量算定曲線

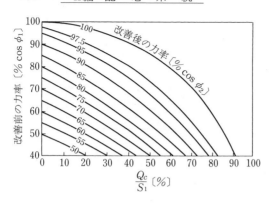

図 13.8　力率改善用コンデンサの容量算定曲線

減少し，変圧器容量は $S_1 - S_2$ だけ減少する。

$$S_1 - S_2 = \frac{P}{\cos \phi_1} - \frac{P}{\cos \phi_2} \tag{13.26}$$

式(13.26)の関係を表したのが**図 13.9** である。

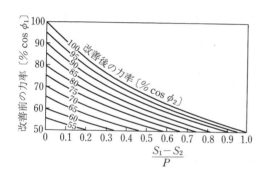

図 13.9　コンデンサ設置による変圧器の供給余力増加曲線

（c）　力率改善による電圧降下の減少　　図 13.10 に示す回路において，線路インピーダンスを $\dot{Z}_L = R + jX$ とし，電圧降下を示す。

$$\varepsilon = IR \cos \theta + IX \sin \theta = RI_R + X(I_L - I_C) \tag{13.27}$$

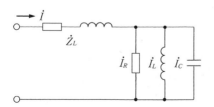

図 13.10　線路・負荷等価回路

によれば，コンデンサに流れ込む電流 I_c により，XI_c に相当する電圧降下の
低減が可能である。

||||||||||||||||||||||||||||||||||| **演 習 問 題** |||||||||||||||||||||||||||||||||||||||||||||

【1】　1線当たりの抵抗とリアクタンスがそれぞれ2Ω と3Ω なる三相3線式の配
　　　電線路の末端に，有効電力 150 kW，力率 80 % なる集中負荷が接続されてお
　　　り，配電用変電所から給電されている。負荷にかかる線間電圧が 6 300 V で，
　　　配電用変圧器一次側の線間電圧が 66 000 V なるとき，変圧器の二次側線間電
　　　圧および変圧比はいくらになるか。ただし，変圧器のインピーダンスは無視
　　　するものとする。

【2】　三相配電線路の末端に有効電力 100 kW，力率 80 % の負荷がつながってい
　　　る。線路の抵抗損を 85 % に下げるためには，負荷に並列に何 kvar のコンデ
　　　ンサをつないだらよいか。ただし，コンデンサをつないでも，負荷の有効電
　　　力も受電端の電圧も変わらないものとする。

【3】　容量が 10 000 kVA の変圧器から，皮相電力 8 000 kVA，力率 80 % の負荷に
　　　電力が供給されている。それに，有効電力 2 000 kW で力率 60 % の負荷を並
　　　列につないだ場合にも変圧器が過負荷にならないために，負荷と並列に挿入
　　　するコンデンサ容量はいくらにすればよいか。

【4】　**問図 13.1** のように，平等分布負荷に電力を供給している長さ L の三相3線式
　　　配電線がある。この場合の末端までの電圧降下および線路損失は，負荷が末
　　　端に集中して接続されている場合に比べてそれぞれ何 % になるか。ただし，
　　　配電線の電線1条当たりの抵抗を R およびリアクタンスを X とし，その他の
　　　線路定数は無視し，負荷の力率 $\cos\phi$ はすべて等しいとし，集中負荷の電流
　　　は分布定数負荷の電流の総和 I と等しいとする。

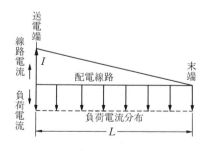

問図 13.1　分布負荷配電線路

14 配 電 計 画

　配電設備は，発電，送電，変電設備を経て電力供給の末端である需要家に
直接電力を供給する設備である。この電力を供給する需要家は地域により大
きく異なり，また，地域構造の変化，産業の発展，生活の向上などによりつ
ねに変化する。この変化は特別な地域を除いては，一般に電力需要の増加と
して現れる。そのため，これに対処するための将来にわたる配電計画が，電
力供給の安定性，安全性，経済性を考えて行われるべきである。電力供給の
安定性とは供給信頼度といわれるもので，つぎの三つの事項である。
（1）　電力をつねに持続して供給すること（停電回数および時間を最小に
　　　する）。
（2）　供給電圧を定められた規定値に維持すること（電気事業法によると
　　　需要家引込口において，101 ± 6 V，202 ± 20 V）。
（3）　周波数の規定値を維持すること。
　一般に電気器具では，周波数変動が 0.3 Hz 程度までは使用上さしつかえ
ないとされている。周波数変動には，電源側の供給力不足による比較的長い
時間規定値から外れるものと，周波数調整能力不足による短時間のずれとが
ある。現在周波数変動は $0.1 \sim 0.2$ Hz 程度である。
　上述の 3 項に加えて配電系統では，負荷電流の急変による配電電圧降下の
値が変わるために生じる電圧変化，フリッカがある。これが頻繁に生じる
と，照明器具の明るさが変動し，人間の目にちらつきを感じ，不快感を与え
る。この電圧変動の許容値は，白熱電灯の場合のちらつきによる不快感を与
える限度で定めている。

14.1　需 要 予 測

　配電設備は各種負荷に直接電力を供給する設備なので，負荷の種類，特性を
十分把握して計画設置をしなければならない。計画電力の種類による負荷分類

は，**表14.1**に示すとおりである。配電系統では，表中に示す各負荷が混在する地域と，住宅街の電灯負荷だけの地域，工業地域のようなおもに大口電力だけの地域などのように，需要に地域性をもっている。この需要の特性を表すものとして，負荷曲線，負荷率，需要率，不等率がある。

表14.1 契約電力の種類による負荷分類

負荷分類	負 荷 の 種 類
電灯負荷	一般家庭用，街路照明などの契約電力 50 kW 未満の負荷で，単相 2 線式 100 V，単相 3 線式 200/100 V で供給される。
業務用電力	デパート・ホテル・業務用ビル・学校・研究所など，電灯，動力用の負荷で，契約電力の大きさにより三相 3 線式 6.6 kV，22(33) kV，66(77) kV，154 kV で供給される。
小口電力	商店や小規模工場などの需要で契約電力 500 kW 未満の需要で，このうち 50 kW 未満を低圧電力といい三相 3 線式 200 V で供給される。契約電力 50～499 kW を高圧電力甲といい，三相 3 線式 6.6 kV で供給される。
大口電力	工場，電鉄などの動力用で，契約電力 500 kW 以上の負荷。契約電力の大きさにより，三相 3 線式 6.6 kV，22(33) kV，66(77) kV，154 kV で供給される。
その他	上記以外の用途で，農業用，工事用，深夜電力温水器用負荷。

（1）　負 荷 曲 線　　需要家の使用電力はつねに一定ではなく，時間，月，日，により変化する。1日の負荷変化を示す日負荷曲線の一例を**図14.1**に示す。この図の需要電力は1時間の平均値をグラフに示したもので，一般に15分，30分，1時間の平均値を用いる。図（a）は住宅地区，図（b）は工業地区，図（c）は過密商業地区の負荷曲線である。

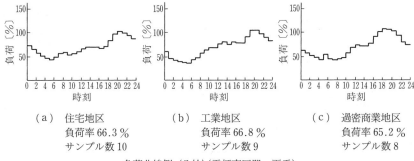

	（a）　住宅地区	（b）　工業地区	（c）　過密商業地区
	負荷率 66.3 %	負荷率 66.8 %	負荷率 65.2 %
	サンプル数 10	サンプル数 9	サンプル数 8

負荷曲線例（C社）（電灯変圧器，夏季）

図14.1　日負荷曲線の一例

（2）**負 荷 率**　これは，前述の測定期間内負荷曲線の最大需要電力（単位時間内平均電力の最大値）に対するその期間内の平均電力との比で，次式で定義される。

$$負荷率 = \frac{平均電力〔kW〕}{最大需要電力〔kW〕}$$

（3）**需 要 率**　需要家に設置されている全設備が同時に使用されることはほとんどなく，全設備容量に対して最大に使用される電力（最大需要電力）の割合を表したのが需要率で，次式で表される。

$$需要率 = \frac{最大需要電力〔kW〕}{需要家全設備容量の和〔kW〕}$$

道路照明に使用される街路灯のように，一斉に点灯，消灯が行われる場合は需要率は1であるが，一般にはこの値は1以下である。需要率は，負荷の識別，地域，時間，季節などにより異なり，使用時間のずれている負荷を合成すると，さらに小さい値となる。**表14.2**に各種需要家の負荷率，需要率の一例を示す。

表14.2　需要家の負荷率，需要率の例

種　　別		負　荷　率〔%〕		需　要　率〔%〕	
		標本平均	標本標準偏差	標本平均	標本標準偏差
定　額　電　灯		49.4	18.6	90.0	18.2
従量電灯	住　　　宅	28.7	12.4	49.7	21.5
	商店一般	37.3	12.8	67.9	19.9
	商店特殊	33.8	11.0	57.4	22.4
	工　　　場	33.9	13.5	54.4	22.7
	事　務　所	33.4	12.7	45.5	22.2
大　口　電　灯		38.9	12.8	52.9	25.0

（4）**不 等 率**　配電設備では，表14.2に示すように各種負荷に電力を供給しており，配電用変電所一つで10数万軒，高圧配電線1回線で1000数百軒に及ぶ負荷が接続されている。しかし，これら需要家の最大需要電力が同時刻に現れることはなく，同種類の負荷においても時間的なずれがある。それゆえ，各需要家の最大需要電力の総和よりも，この需要家を合成して

測定した場合の最大需要電力のほうが小さな値となる。この度合いを示したのが不等率で，次式で定義する。

$$不等率 = \frac{需要家各個の最大需要電力の和〔kW〕}{各需要家を総合したときの最大需要電力〔kW〕}$$

一般にこの値は1より大となる。この値の一例を**表14.3**に示す。

表14.3 不 等 率 の 例

需 要 家 相 互 間	電　　灯	1.135
	動　　力	1.580
配電変圧器相互間	電　　灯	1.175
	動　　力	1.360
	灯動用	1.300
フ ィ ー ダ 相 互 間		1.086
配 電 用 変 電 所 相 互 間		1.023
電 灯 需 要 家 変 電 所 間		1.448
動 力 需 要 家 変 電 所 間		2.333

14.2　需要の時間的・地理的分布の扱い

配電線路では，電力需要が図14.1に示すように時間的にずれがあり，これは負荷の種類および地域により異なるのは，前述したとおりである。地域的には，表14.1に分類した需要家が混在している。この状態を八つの需要パターンに分類したものをつぎに示す。

過密商業地域，一般商業地域，工業専用地域，準工業地域，商住混在地域，工住混在地域，住宅専用地域，低開発地域

上述の各地域において，一般に配電用変電所一箇所で17万軒，高圧配電線1回線で，400軒程度の需要家に電力を供給している。それゆえ，配電用変圧器（柱上変圧器），高圧配電線などの設備の負荷を予想する場合，その配電設備から供給される各負荷の合成最大需要電力を求める必要がある。これは各需要家の負荷設備容量，需要率，需要家間の不等率から想定する。

$$合成最大需要電力 = \frac{各需要家需要率の加重平均}{需要家間の不等率}$$

$$\times 需要家負荷設備容量合計〔\mathrm{kW}〕$$

または，各需要家の契約電力の合計から求める方法がある。

$$各需要家の契約電力 = 需要率 \times 各需要家の設備容量$$

$$合成最大需要電力 = \frac{1}{需要家間の不等率} \times 各需要家の契約電力の合計$$

以上のように，配電設備は，需要の時間的・地理的分布を考慮した需要家群の合成最大需要電力と，将来の需要増加を想定した容量決定をしなければならない。

||||||||||||||||||||||||||||||||||||||||||||||||||||| **演 習 問 題** |||||||||||||||||||||||||||||||||||||||||||||||||||||||||||

【1】 **問図 14.1** のように 2 群の負荷からなる配電系統において，各負荷群の 1 日の負荷曲線が**問図 14.2** のようであるとき，フィーダの最大需要負荷，負荷群 A と負荷群 B の間の不等率，負荷の平均電力，フィーダの負荷率はそれぞれいくらになるか（電験第 2 種）。

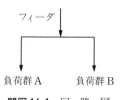

問図 14.1 回　路　図

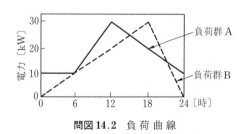

問図 14.2 負　荷　曲　線

15 配電線路の機械的設計

　配電線路には架空配電線路と地中配電線路とがあるが，おもに架空配電線路の電柱，電線および支持物の強度などの機械的設計が重要な問題となる。

15.1　架空配電線路

　架空配電線路はおもに街路側など，需要家に密接して布設されるため，人体，建造物などに対し，電気的，機械的な安全性，および供給信頼性が十分保たれていなければならない。それゆえ，電線路と建造物との離間距離，支持物の強度などが電気設備技術基準（以下「電技」とする）に細かく規定されている。ここでは，その中のおもなものを示すが，細部については上記技術基準を参照されたい。

15.2　電線の弛度，電柱に働く力，電線の振動防止

　配電線路の電線，支持物などに働く力は，つぎの三つの方向成分に分けられる。
　（a）　垂直荷重（支持物に垂直に作用する力）：支持物の自重，変圧器，がいし，電線などの重量，付着氷雪の重量。
　（b）　水平横荷重（線路方向に対し垂直に作用する力）：支持物，電線などに加わる風圧荷重，線路の屈曲部分における電線張力の水平横分力。
　（c）　水平縦荷重（線路方向に作用し支持物に水平に働く力）：電線の不平

均張力，支持物に加わる風圧荷重。

15.3　荷重の大きさと計算

配電線路支持物が受ける荷重のうち，垂直荷重は強度的に十分耐え得る設計がされており，水平荷重に対する強度の検討が重要である。おもな水平荷重と計算法をつぎに示す。

（a）風　圧　荷　重　　電技第57条には，風圧荷重の種別と風圧およびその適用が，**表15.1** のように規定されている。

表15.1　風圧荷重の種別とその適用

風圧を受けるものの区分				構成材の垂直投影面積 1 m²についての風圧
支持物	木　柱			780 Pa
	鉄　柱	丸形のもの		780 Pa
		三角形またはひし形のもの		1 860 Pa
		鋼管により構成される四角形のもの		1 470 Pa
		その他のもの		腹材が前後面で重なる場合は 2 160 Pa，その他の場合は 2 350 Pa
	鉄筋コンクリート柱	丸形のもの		780 Pa
		その他のもの		1 180 Pa
	鉄　塔	単柱（腕金類を除く）	丸形のもの	780 Pa
			六角形または八角形のもの	1 470 Pa
		鋼管により構成されるもの（単柱を除く）		1 670 Pa
		その他のもの		2 840 Pa
電線その他の架渉線	多導体（構成する電線が2条ごとに水平に配列され，かつ，当該電線相互間の距離が電線の外径の20倍以下のものに限る）を構成する電線			880 Pa
	その他のもの			980 Pa
がいし装置（特別高圧電線路用のものに限る）				1 370 Pa
木柱，鉄柱（丸形のものに限る）および鉄筋コンクリート柱の腕金類（特別高圧電線路用のものに限る）				単一材として使用する場合は 1 570 Pa，その他の場合は 2 160 Pa

（b） 水 平 横 荷 重

・電線の風圧による曲げモーメント

・支持物（電柱）に加わる風圧曲げモーメント

（c） 水 平 縦 荷 重

・電線の張力による荷重

電線の張力 T 〔N〕は，次式から求められる。

$$T = \frac{WS^2}{8D}$$

ここで，S：電線の径間〔m〕，D：電線の緩み度〔m〕，W：電線の単位長さ当たりの自重〔N/m〕

（d） 電線の不平均張力 支持物の両側の径間で，大きく径間長が異なる場合，および，架空線本数，太さ，材質種類が異なる場合は，線路方向に張力の差が生じる。これは不平均張力というが，これは支持物を中心にした両線方向の張力差から求められる。

$$T_1 - T_2 = \frac{W_1S_1{}^2}{8D_1} - \frac{W_2S_2{}^2}{8D_2}$$

（e） 線路の屈曲による荷重 配電線路が周囲の状況により屈折している場合は，支持物両側の電線張力は不平衡となり，**図 15.1** に示すような水平荷重が働く。

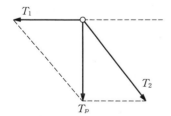

図 15.1 線路屈折部の水平荷重

$$T_p = T_1{}^2 + T_2{}^2 - 2T_1T_2\cos\theta$$

$$T_1 = T_2 \text{ ならば } T_p = 2T_1\sin\left(\frac{\theta}{2}\right)T_p$$

T_p：合成水平荷重〔N〕，T_1, T_2：支持物両側電線の荷重〔N〕，θ：屈

曲角度〔°〕

15.4 支持物の強度

架空配電線路の支持物には，木柱，鉄筋コンクリート柱，鉄柱がある。支持物の強度とは，支持物に加わる曲げモーメントなどの応力に対し十分耐え得ることである。

（1） 木 柱 の 強 度　木柱は杉素材に防腐剤を注入した注入柱や檜{ひのき}素材柱などが用いられるが，その材質により破壊荷重が決められている。一般的には単位面積当たりの破壊強度は 39 ～ 55 N/mm² 程度である。配電用としては 7 ～ 17 m の長さのものが使用される（電技第 61 条）。

（2） 鉄筋コンクリート柱の強度　コンクリート柱は，半永久的な耐用年数を有し，柱長も任意のものが得られるため，最近急激に普及し，ほとんどがこれに代わりつつある。内部に鉄筋を有する中空コンクリート柱である。

コンクリート柱の設計荷重は，柱の頂点から 0.25 m の点に水平応力を加えた場合の破壊荷重の 1/2 とされている。また，柱のどの部分においてもこの応力に耐えるように規定されている。配電用としては長さ 9 ～ 17 m のものが用いられ，その頂部直径は 190 mm，頂部から底部への直径増加率（テーパ）は 1/75，1/100 のものが一般的である（電技第 60 条）。

鉄柱については，送電線路に多いのでここでは省略する。

15.5 支線・支柱の強度

配電線路の支線および支柱は，支持物（電柱）の荷重を分担する役目をする。支線の張力は，**図 15.2** より次式となる。

$$T = \frac{M_s}{h_0 \sin \theta} = \frac{P}{\sin \theta}$$

P：水平荷重〔N〕，T：支線の張力〔N〕，θ：電柱と支線のなす角度

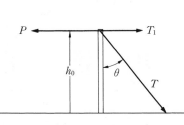

図 15.2 支線の張力

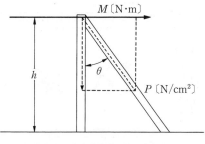

図 15.3 支柱に加わる反応力

〔°〕，M_s：負担すべきモーメント〔N・m〕

支柱に加わる反応力は，**図 15.3** より次式で得られる。

$$P = \frac{M}{Ah \sin \theta} \quad \text{〔N/cm}^2\text{〕}$$

P：支柱に加わる反応力〔N/cm²〕，A：支柱の断面積〔cm²〕，M：支持物の地際にかかる曲げモーメント〔N・m〕，θ：電柱と支線のなす角度〔°〕

16 屋 内 配 線

　屋外配電線路からの引込線は，需要家の引込口から**屋内配線**（interior wiring または house wiring）に接続され，需要家機器に電力を供給する。屋内配線はビル，住宅など人間生活に密接した環境に設置されるため，漏電による火災・感電事故を防ぐため，安全性には十分配慮する必要がある。屋内配線は，**幹線**（main line）と**分岐線**（branch line）とからなるが，この双方に対して電気設備技術基準（以下，電技とする）の中で各種の基準が定められている。

16.1　屋内配線の電気方式

現在わが国で使用されている電気方式は，つぎのとおりである。

（1）　単相2線式100 V：一般住宅，商店などに広く採用される配電方式。

（2）　単相3線式100/200 V：使用電力の比較的大きい需要家の配線に使用される配電方式である。最近ではクーラの普及などにより，一般住宅にも多く使用される配電方式である。この方式は分岐回路数の減少，電線量の節約，電圧降下の軽減など，有利な点がある。

（3）　三相3線式200 V：主として低圧三相動力用に用いられる。

（4）　三相4線式240/415 V：近年大きなビルなどに，400 V級三相4線式として採用されている。

（5）　200 V級三相4線式：V結線とΔ結線の1相の中点をとって三相3線式200 V動力負荷と単相100 Vの電灯負荷をとる低圧配電線の一元化を図った方式と，星形結線の中点を接地し中性線とした200 V三相

4線式がある。前者は，電灯動力共用方式として用いられているが，後者は，米国などで一次・二次配電線に広く採用されているが，わが国における実施例はない。

16.2　屋内電路の対地電圧の制限

（**1**）　電技第162条に，白熱電灯または放電灯に電気を供給する屋内の電路の対地電圧は，規定されている以外では一般的に150 V以下に制限されている。この基準では，感電などの危険性の限界を150 Vと考えている。ただし，つぎの各号により白熱電灯または放電灯を布設する場合は，300 V以下とすることができる。

（1）　白熱電灯およびこれらに付属する電線は，人が触れる恐れがないように布設すること。

（2）　白熱電灯（機械装置に付属するものを除く）または放電用安定器は屋内配線と直接接続して布設すること。

（3）　白熱電灯の電球受口は，キーその他の点滅機構のないものであること。

（**2**）　住宅の屋内電路の対地電圧は，150 V以下でなければならない。ただし，2 kW以上の電気機器のみに供給する電線は，つぎの場合は300 V以下とすることができる。

（1）　使用電圧が300 V以下であること。

（2）　電気機械器具および屋内の電線は，人が容易に触れる恐れがないように布設すること。

（3）　電気機械器具は，屋内配線と直接接続して布設する。

（4）　電気機械器具に電気を供給する電路には，専用の開閉器および過電流遮断器を布設すること。

（5）　電気機械器具に電気を供給する電路には，電路に地気を生じたときに自動的に電路を遮断する装置を布設すること。

（**3**）　住宅以外の場所の，屋内に布設する家庭用電気機械器具に電気を供給する屋内電路の対地電圧は，150 V 以下でなければならない。ただし，家庭用電気機械器具ならびにこれに電気を供給するための屋内に電線およびこれに布設する配線器具（開閉器，遮断器，接続器，その他これらに類する器具）を前項（**2**）の（1）から（3）までの規定に準じて布設する場合，または取扱者以外のものが容易に触れる恐れがないように布設する場合は，300 V 以下とすることができる。

16.3　屋内配線の裸電線の使用制限と使用電線

（**1**）　**裸電線の例外使用**　　屋内における電気使用場所では原則として裸電線は使用できないが，技術的にやむをえない場合は例外とされている（電技第163条）。それはつぎに示す場合である。

（1）　電技第182条の規定に準ずるバスダクト工事により布設する場合。

（2）　電技第185条の規定に準ずるライティングダクト工事により布設する場合。

（3）　電技第199条の規定に準ずる接触電線を布設する場合。

（4）　電技第225条の規定に準ずる接触電線を布設する場合。

（5）　がいし引き工事（電技第175条）でつぎの電線を布設する場合。

　① 　電気炉用電線

　② 　電線の被覆が腐食する場所の電線

　③ 　取扱者以外の者が容易に出入りできないように布設した場所の電線

（**2**）　**低圧屋内配線の使用電線**（電技第164条）

（1）　直径1.6 mm の軟銅線もしくはこれと同等以上の強さおよび太さのもの。

（2）　断面積が1 mm² 以上の MI ケーブルであること。ただし，使用電圧300 V 以下の場合は例外規定あり。

　屋内配線に使用される電線にはつぎに示す3種類で，その導体は普通軟銅線または半硬アルミニウム線である。

・絶縁電線：主として600Vビニル絶縁電線（IV線）が使用される。温度の多少高い所では600Vゴム絶縁電線，スチレンブタジエンゴム（SBR）絶縁電線が使用され，さらに消防法で指定される箇所には耐火電線耐熱電線が使用される。

・ケーブル：低圧屋内配線用ケーブルとしては，各種プラスチック（ビニル，クロロプレン，ポリエチレン）外装ケーブル，コンクリート直埋用ケーブル，鉛被ケーブル，アルミ被ケーブル，MIケーブルなどがある。これらのうち，屋内配線用として最も一般的に使用されているのが，600Vビニル絶縁ビニル外装ケーブル（記号VV）で，露出配線，隠ぺい配線，木造家屋の真壁内埋込配線に使用できる。

　　MIケーブル（mineral insulated metal sheathed cable）は無機絶縁電線の名で呼ばれたことがあり，最高250℃間での高温箇所に使用できる。鉛被ケーブルは現在ほとんど使用されず，代わりにアルミ被ケーブルが使用されることがある。

・**キャブタイヤケーブル**（cabtyre　cable または tough‐rubber　sheathed cable）は，導体として可とう性のあるより線を用い，それをゴムで絶縁し，上から外そう（キャブタイヤゴム）を施したもので，外装によってゴムキャブタイヤケーブル，クロロプレンキャブタイヤケーブルがある。

　　キャブタイヤケーブルは本来鉱山用の移動電線として生まれたものであるが，現在では家庭用産業用を問わず広く使用され，固定配線用としても用いられることがある。またビニル絶縁，ビニル外装のビニルキャブタイヤケーブルがあり，建築現場の仮設用など半固定的に布設される移動電線などに用いられる。

　電線太さの選定要素は，許容電流，電圧降下，電力損失，機械的強度などのほかに，末端短絡事故の短絡電流に対しても保護保安装置が十分動作する電流に保持できる太さを有していなければならない。低圧屋内配線の許容電流は，

電技第172条に規定されている。

16.4　配　線　方　法

　低圧屋内配線の布設場所による工事の種類は，電技第174条に規定されている。その内容はつぎに示すとおりである。

　電技第192条から第195条に規定する場所（可燃性，爆発性そのほか火災の発生する危険性のある場所）以外に布設する低圧屋内配線は，第198条に規定する場合（ショウウィンドウ，ショウケース内など）を除き，合成樹脂管工事，金属管工事，可とう電線工事もしくはケーブル工事，または**表16.1**に掲げる布設場所および使用電圧の区分に応じる工事のいずれかにより布設しなければならない。

表16.1　低圧屋内配線の布設場所による工事の種類

布設場所の区分	使用電圧の区分	300 V 以下のもの	300 V を超えるもの
展開した場所	乾燥した場所	がいし引き工事 合成樹脂線ぴ工事 金属線ぴ工事 金属ダクト工事 バスダクト工事または ライティングダクト工事	がいし引き工事 金属ダクト工事または バスダクト工事
	その他の場所	がいし引き工事 バスダクト工事	がいし引き工事
点検できる隠ぺい場所	乾燥した場所	がいし引き工事 合成樹脂線ぴ工事 金属線ぴ工事 金属ダクト工事 バスダクト工事 セルラダクト工事 ライティングダクト工事 または平形保護層工事	がいし引き工事 金属ダクト工事または バスダクト工事
	その他の場所	がいし引き工事	がいし引き工事
点検できない隠ぺい場所	乾燥した場所	フロアダクト工事 またはセルラダクト工事	

16.5　屋内電路の保護装置

屋内の引込口および幹線の布設

（1）　低圧屋内幹線の布設（電技第170条）

（a）　布設場所：幹線が損傷を受ける恐れのない場所に布設すること。

（b）　幹線の太さ：各部分ごとに，供給される電気使用機械器具の定格電流の合計以上の許容電流のあるものとする。

（c）　過電流遮断器の布設：幹線の電源側電路に，幹線の許容電流以下の定格電流のものを各極（多線式電路の中性極を除く）に布設する。

（2）　屋内引込口における配線器具の布設義務（電技第171条）

（a）　開閉器の布設：引込口に近い箇所で，容易に開閉できる箇所に，各極に設置する。

（b）　過電流遮断器の布設：幹線の電源側電路に，各極（多線式電路の中性極を除く）に設置する。

参 考 文 献

第 I 編

第 1 章

1） 電気事業発達史，電気事業講座 3，電力新報社 (1986)

2） 関根泰次編著：大学課程送配電工学（改訂 2 版），オーム社 (1989)

3） 今川三郎ほか：改訂送配電工学，コロナ社 (1983)

4） 電気学会編：電気工学ハンドブック（新版）(1983)

5） 脱炭素化社会に向けた電力レジリエンス小委員会資料：電力ネットワークをめ ぐる最近の動向と今後の進め方について，資源エネルギー庁 (2019)

第 2 章

1） 電気事業発達史，電気事業講座 3，電力新報社 (1986)

2） 山崎俊雄ほか：新版電気の技術史，オーム社 (1992)

3） 日本エネルギー経済研究所：'94 エネルギー・経済統計要覧，省エネルギーセン ター (1994)

4） 電気事業のデータベース (INFOBASE)：電源別設備構成比の推移，電気事業 連合会 (2018)

5） 田里誠：電力用タービン発電機技術発展の系統化調査，国立科学博物館技術の 系統化調査報告，Vol.5 (2005)

6） 田里誠：原子力用タービン発電機技術発展の系統化調査，国立科学博物館技術 の系統化調査報告，Vol.6 (2006)

7） 田中宏：発電用水車の技術発展の系統化調査，国立科学博物館技術の系統化調 査報告，Vol.8 (2007)

8） 長野進ほか：大容量発電機の技術変遷，電気学会誌，127(1)，pp.32〜 35 (2007)

9） 森淳二ほか：水力発電機器製造 120 年の歴史と今後の展望，東芝レビュー， 69(2) (2014)

10） 佐竹恭典ほか：火力発電所向けタービン発電機の大容量化技術，三菱重工技法， 52(2) (2015)

11） 平成 30 年度供給計画の取りまとめ：電力系統の状況，電力広域的運営推進機関 (2018)

12） 道上勉：送配電工学（改訂版），電気学会 (2003)

13)　新田目倖造：電力システム　―基礎と改革―，電気書院（2015）

14)　標準電圧標準化委員会：標準電圧 JEC-0222-2009，電気規格調査会（2009）

15)　江間敏ほか：電力工学（改訂版），コロナ社（2017）

第 3 章

1)　O. I. Elgerd：Electric Energy System Theory—An Introduction, pp.158〜161, McGraw-Hill（1971）

2)　相木一男ほか：送配電工学，電気学会（1980）

3)　電気学会編：電気工学ハンドブック（新版）（1983）

4)　電気学会編：電気材料，電気学会

第 4 章

1)　E. Clarke：Circuit Analysis of AC Power Systems, Vol. I Symmetrical and Related Components, John Wiley & Sons（1943）

2)　O. I. Elgerd：Electric Energy System Theory—An Introduction, McGraw-Hill（1971）

3)　前川幸一郎：送配電工学講義（上）（下），東京電機大学（1962）

4)　小池東一郎編著：改訂送配電工学前編，養賢堂（1986）

5)　石原啓司ほか：電力系統工学演習，朝倉書店（1985）

6)　電気学会編：電気工学ハンドブック（新版）（1983）

第 5 章

1)　E. Clarke：Circuit Analysis of AC Power Systems, Vol. I Symmetrical and Related Components, John Wiley & Sons（1943）

2)　O. I. Elgerd：Electric Energy System Theory—An Introduction, McGraw-Hill（1971）

3)　関根泰次編著：現代電力輸送工学，オーム社（1992）

4)　石原啓司ほか：電力輸送工学演習，朝倉書店（1985）

5)　関根泰次ほか：電力系統工学，コロナ社（1979）

6)　関根泰次ほか：大学課程送配電工学（改訂 2 版），オーム社（1989）

7)　相木一男ほか：送電・配電，電気学会（1988）

8)　T. Gönen：Electric Power Transmission System Engineering—Analysis and Design, John Wiley & Sons（1988）

9)　新田目倖造：電力系統技術計算の基礎，電気書院（1980）

10)　新田目倖造：電力系統技術計算の応用，電気書院（1981）

第 6 章

1)　新田目倖造：電力系統技術計算の応用，電気書院（1981）

2)　電気学会編：電力系統の安定化技術，電学技報，II部，No.238（1988-6）

3 ） E. W. Kimbark: Power System Stability Volume III Synchronous Machines, IEEE Press, 1956（1995 Reprint）

4 ） C. Concordia: Synchronous Machines ─ Theory and Performance ─, John Wiley & Sons（1958）

5 ） 電気協同研究会編：電力系統の安定度，第 34 巻，第 5 号（1979-1）

6 ） 電気協同研究会編：電力系統安定運用技術，第 47 巻，第 1 号（1991-7）

7 ） 田村康男：電圧安定性問題についての最近の動向，電学論 B，Vol.110, No.11（1990）

8 ） 田村康男編：電力システムの計画と運用，オーム社（1991）

9 ） 長尾待士ほか：電力系統の電圧安定性解析手法の開発，電力中央研究所報告，総合報告 T 37（1993-4）

第 7 章

1 ） O. I. Elgerd: Electric Energy Systems Theory, McGraw-Hill（1982）

2 ） T. Gönen: Electric Power Transmission System Engineering, John Wiley & Sons（1988）

3 ） 田中和幸：系統計画における安定度評価のための多重故障計算手法，電力中央研究所報告-182044（1983）

4 ） 田中和幸：電力系統の動特性解析のための多重故障計算，電力中央研究所報告-184019（1984）

5 ） 小池東一郎：送配電工学，養賢堂（1984）

6 ） 電気学会編：送電工学，電気学会（1993）

第 8 章

1 ） 河野照哉：系統絶縁論，コロナ社（1984）

2 ） 関根泰次編：現代電力輸送工学，オーム社（1992）

3 ） 関根泰次編著：送配電工学，オーム社（1989）

4 ） C. H. Flurscheim：Power Circuit Breaker Theory and Design, Peter Peregrinus（1982）

5 ） 電気学会編：電力用しゃ断器，電気学会（1975）

6 ） 小池東一郎編著：送配電工学・前編，養賢堂（1984）

7 ） 木下仁志ほか：電力伝送工学，コロナ社（1983）

8 ） 酒井洋：送電工学講座，電力輸送，日刊工業新聞社（1961）

9 ） 今川三郎ほか：改訂送配電工学，コロナ社（1983）

10） 前川幸一郎：送配電工学講義（上）（下），東京電機大学（1962）

11） O. I. Elgerd：Electric Energy System Theory─An Introduction, McGraw-Hill（1971）

第9章

1）　太田ほか：送配電線の保護継電システム（リレープラクティスシリーズ2），電気書院（1976）

第10章

1）　T. Gönen：Electric Power Transmission System Engineering—Analysis and Design, John Wiley & Sons（1988）
2）　小池東一郎編著：送配電工学・前編，養賢堂（1984）
3）　関根泰次編：現代電力輸送工学，オーム社（1992）
4）　電気学会編：電気工学ハンドブック（新版）（1983）

第11章

1）　C. Adamson, et al：High Voltage Direct Current Power Transmission, Garraway（1960）
2）　町田武彦：直流送電，東京電機大学（1971）
3）　電気学会直流送電専門委員会編：直流送電技術解説，電気学会（1978）
4）　K. R. Padiyar：HVDC Power Transmission Systems—Technology and System Interactions, John Wiley & Sons（1990）
5）　特集大規模直流プロジェクトの展開，OHM（1997）
6）　電力系統，電気事業講座7，電力新報社（1997）
7）　新井卓郎ほか：HVDC用高電圧・大容量マルチレベル変換器，東芝レビュー，69（4）（2014）
8）　電気技術者：直流送電設備の概要，日本電気技術者協会（2019）
9）　電気技術者：北本連系設備の概要について，日本電気技術者協会（2019）

第Ⅱ編

1）　今川三郎ほか：改訂送配電工学，コロナ社（1983）
2）　前川幸一郎ほか：送配電 新訂版，東京電機大学（1996）
3）　関根泰次監修：配電技術総合マニュアル，オーム社（1991）
4）　電気設備技術基準，審査基準・解釈，東京電機大学（1997）

演習問題解答

第2章

【1】 変圧器を用いることにより，送電時は高圧に，発電，連系，配電，利用時はそれぞれに適した電圧とすることができる。交流の発電機，電動機などは，直流方式より構造が簡単・強固で保守上優れている。電流には零になる瞬間があり遮断しやすい。

【2】 電気角120°で配置された巻線に流れる平衡三相交流電流によってつくられる回転磁界の大きさは時間的に一定であり，発電機や電動機に生じるトルクの瞬時値も脈動しない。また三相線路を送られる有効電力の瞬時値も一定である。対地電圧，線材量，損失率を同じとしたときに送ることのできる電力も，単相や他の多相方式と比べて大きい。

【3】 最大送電電力を大きくできる。安定度を高くできる。線路のジュール損を抑えることができる。

【4】 （a）直流　（b）電圧　（c）損失　（d）短　（e）交流　（f）長
（g）交流　（h）直流

第6章

【1】 両辺に ω_M をかける，右辺はトルクであるから

$$J\omega_M \frac{d\omega_M}{dt} = P_M - P_E \quad \text{[W]}$$

ただし，P_M：T_M に相当する機械的入力〔W〕，P_E：T_E に相当する電気的入力〔W〕である。また，ω_{M0} を発電機の定格角速度とすれば，定格角速度における原動機を含む回転体の運動エネルギーは $W_0 = \dfrac{1}{2} J\omega_{M0}^2$〔J〕となり，動揺中の角速度は $\omega_M \cong \omega_{M0}$ である（ω_M が ω_{M0} と大きく異なる場合はすでに不安定と見ることができる）から，上式の両辺を S_B で割ると

$$\frac{2 W_0}{S_B \omega_{M0}} \frac{d\omega_M}{dt} = P_m - P_e \quad \text{[p.u.]}$$

左辺の係数 $2W_0/S_B = M$〔J/VA〕とおき，さらに p を発電機の極対数とすると $p\omega_{M0} = \omega_0 = 2\pi f_0$ および $p\omega_M = \omega_0 + d\delta/dt$ となる。したがって

$$\frac{M}{\omega_0} \frac{d^2\delta}{dt^2} = P_m - P_e \quad \text{[p.u.]}$$

ただし，ω_0 は電気角での角速度，f_0 は系統の定格周波数である。上式中の M を単位慣性定数という。しかし，$2W_0/S_B$ の係数 2 は物理的意味がないので，$H = W_0/S_B$ として，H を単位慣性定数ということがある。

【2】　**解図6.1**は故障中の電気回路である。端子 Ⓢ，Ⓑ，ⓝは，Ⓡを中性点とする
　　Y回路とみなせる。これをインピーダンスのY→Δ変換し，ノードⓇを消去
　　する。同様にⓈを消去すると**解図6.2**のようになる。

　　　故障中の伝達リアクタンス　$X_{GB} = 3 X_B + X_l + (X_G + X_t)(2 X_B$
　　　　　　　　　　　　　　　　　　$+ X_l)/X_l$

　　　故障後の伝達リアクタンス　$X_{GB} = X_B + X_l + X_G + X_t$

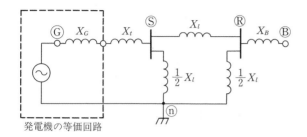

解図6.1　故障中の
　　　　　等価回路

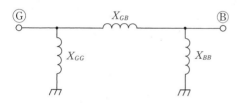

解図6.2　Ⓢ，Ⓡを消去した
　　　　　等価回路

【3】　$k = \dfrac{\cos \delta_0 - \cos \delta_m}{(\delta_m - \delta_0) \sin \delta_0}$，　$\delta' = \sin^{-1}(k \sin \delta_0)$

【5】　臨界電力　$P_{r\lim} = \dfrac{V_s^2}{2 X_e \cos \phi_r} (1 - \sin \phi_r)$

　　　受電端電圧　$V_{r\lim} = \dfrac{V_s}{\cos \phi_r} \sqrt{\dfrac{1 - \sin \phi_r}{2}}$

第7章

【1】　故障点から系統をながめたときの対称分インピーダンスは，$Z_0 = j\,0.104$，Z_1
　　$= Z_2 = j\,0.155$ であり，単位法表示の地絡電流は 7.246 p.u. となる。基準電流
　　は 1155 A であるから，アンペア表示の地絡電流は 8367 A となる。

【2】　三相短絡電流は 286 A，発電機の電力は 4895 kW である。

【3】　三相全電力　$\dot{S} = P + jQ = 3 V_{012}{}^T \overline{I}_{012} = 3 (\dot{V}_0 \overline{I}_0 + \dot{V}_1 \overline{I}_1 + \dot{V}_2 \overline{I}_2)$

【4】　b，c 相がインピーダンス $\dot{Z}_f$ を通じて地絡した場合の条件は
　　　$\dot{V}_b = \dot{V}_c = \dot{Z}_f (\dot{I}_b + \dot{I}_c)$，　$\dot{I}_a = 0$ である。
　　　故障相 b，c から大地に流れる地絡電流 $\dot{I}_b + \dot{I}_c$ は

$$\dot{I}_b + \dot{I}_c = \frac{-3\dot{Z}_2}{(\dot{Z}_0 + 3\dot{Z}_f)(\dot{Z}_1 + \dot{Z}_2) + \dot{Z}_1\dot{Z}_2}\dot{E}_a$$

健全相 a の対地電圧は　$\dot{V}_a = \frac{3(\dot{Z}_0 + 2\dot{Z}_f)\dot{Z}_2}{(\dot{Z}_0 + 3\dot{Z}_f)(\dot{Z}_1 + \dot{Z}_2) + \dot{Z}_1\dot{Z}_2}\dot{E}_a$

【5】　b 相と c 相がインピーダンス $\dot{Z}_f$ を介して短絡した場合の条件は
　　　$\dot{V}_b - \dot{V}_c = \dot{Z}_f\dot{I}_b,\ \ \dot{I}_a = 0,\ \ \dot{I}_b + \dot{I}_c = 0$ である。

　　　故障相 $b,\ c$ の電流は $\dot{I}_b = -\dot{I}_c = a^2\dot{I}_1 + a\dot{I}_2 = \dfrac{-j\sqrt{3}}{\dot{Z}_1 + \dot{Z}_2 + \dot{Z}_f}\dot{E}_a$

　　　健全相と故障相の対地電圧は

$$\dot{V}_a = \frac{2\dot{Z}_2 + \dot{Z}_f}{\dot{Z}_1 + \dot{Z}_2 + \dot{Z}_f}\dot{E}_a,\ \dot{V}_b = \frac{-\dot{Z}_2 + a^2\dot{Z}_f}{\dot{Z}_1 + \dot{Z}_2 + \dot{Z}_f}\dot{E}_a$$

$$\dot{V}_c = \frac{-\dot{Z}_2 + a\dot{Z}_f}{\dot{Z}_1 + \dot{Z}_2 + \dot{Z}_f}\dot{E}_a$$

【6】　$b,\ c$ 相が断線した場合の条件式は $\dot{V}_{al} = 0,\ \ \dot{I}_{bl} = \dot{I}_{cl} = 0$ である。

　　　健全線 a 相を流れる電流は $\dot{I}_{al} = 3\dot{I}_{0l} = \dfrac{3\dot{E}_{al}}{\dot{Z}_{0l} + \dot{Z}_{1l} + \dot{Z}_{2l}}$

　　　断線点間の電圧は $\dot{V}_{bl} = \dfrac{(a^2 - 1)\dot{Z}_{0l} + (a^2 - a)\dot{Z}_{2l}}{\dot{Z}_{0l} + \dot{Z}_{1l} + \dot{Z}_{2l}}\dot{E}_{al}$

$$\dot{V}_{cl} = \frac{(a - 1)\dot{Z}_{0l} + (a - a^2)\dot{Z}_{2l}}{\dot{Z}_{0l} + \dot{Z}_{1l} + \dot{Z}_{2l}}\dot{E}_{al}$$

第 8 章

【1】　（a）鉄塔塔脚接地（塔脚抵抗）　（b）埋設　（c）弛度　（d）引張
　　　（e）増大

【2】　（a）架空地線　（b）アークホーン　（c）塔脚接地抵抗
　　　（d）高速度再閉路　（e）不平衡

第 11 章

【2】　**解図 11.1** において直流線路の線間電圧を V_d，電流を I_d，1 線の抵抗を R_d と
　　　し，交流線路の線間電圧を V_a，電流を I_a，1 線の抵抗を R_a とすれば，与え
　　　られた条件から次式が成り立つ。

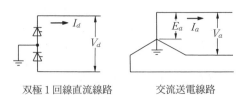

双極 1 回線直流線路　　　　交流送電線路

解図 11.1

送電電力：$V_d I_d = \sqrt{3}\, V_a I_a$　　　　　　　　　　　　　　　　　　　（1）

損失：$2 I_d^2 R_d = 3 I_a^2 R_a$　　　　　　　　　　　　　　　　　　　（2）

ここで，$R_a = R_d$ とすると式（2）より

$$\frac{I_d}{I_a} = \sqrt{\frac{3}{2}}$$　　　　　　　　　　　　　　　　　　　　　　（3）

であり，式（1）から次式となる。

$$\frac{V_d}{V_a} = \sqrt{3}\,\frac{I_a}{I_d} = \sqrt{3}\cdot\sqrt{\frac{2}{3}} = \sqrt{2}$$　　　　　　　　　　　（4）

対地絶縁レベルは，直流電圧は $V_d/2$ で，交流電圧は1相分の電圧の波高値 $E_a = \sqrt{2/3}\,V_a$ であり次式となる。

$$\frac{\text{直流対地絶縁レベル}}{\text{交流対地絶縁レベル}} = \frac{V_d/2}{E_a} = \frac{V_d/2}{(\sqrt{2}/\sqrt{3})\,V_a}$$

$$= \sqrt{2}\{\sqrt{3}/(2\sqrt{2})\} = 0.866$$

第 13 章

【1】　負荷電力 $= \sqrt{3}\times 6\,300 \times I \times 0.80 = 150\,000$ より，電流は $I = 17.18\,\text{A}$ となる。電圧降下等価抵抗は $S = 2 \times 0.80 + 3 \times 0.60 = 3.40\,\Omega$ であるから，変圧器の低圧側の線間電圧は次式となる。

　　$V = 6\,300 + \sqrt{3}\times 3.40 \times 17.18 = 6\,300 + 101.17 = 6\,401.2\,\text{V}$

　　変圧器の変圧比は次式となる。

　　変圧比 $= \dfrac{\text{二次側電圧}}{\text{一次側電圧}} = \dfrac{6\,401.2}{66\,000} = 0.097\,0$

【2】　1線の抵抗を R とし，受電端電圧を V，コンデンサを接続する前後の電流を I，I' とすると，線路の抵抗損の比は，$3 \times I'^2 R/3 \times I^2 R = I'^2/I^2 = 0.85$ であり，これより電流の比は，$I'/I = 0.922$ となる。

　　負荷の有効電力 P は変わらないので，$P = \sqrt{3}\,VI'\cos\phi' = \sqrt{3}\,VI\cos\phi$ であり，したがって，コンデンサ接続後の負荷とコンデンサの並列回路の力率は次式となる。

　　$\cos\phi' = \dfrac{I}{I'}\cos\phi = \dfrac{1}{0.922} \times 0.80 = 0.867\,7$

　　コンデンサ接続前の無効電力は $Q = 100 \times (0.60/0.80) = 75\,\text{kvar}$ であり，コンデンサ投入後の無効電力は $Q' = 100 \times \sqrt{(1 - 0.867\,7^2)}/0.867\,7 = 57.29\,\text{kvar}$ とならなければならないから，投入すべきコンデンサの容量は $Q_c = 75 - 57.29 = 17.71\,\text{kvar}$ となる。

【3】　二つの負荷の合成の有効電力は $8\,000 \times 0.80 + 2\,000 = 8\,400\,\text{kW}$ で，無効電力は $8\,000 \times 0.60 + 2\,000 \times 0.8/0.6 = 4\,800 + 2\,667 = 7\,467\,\text{kvar}$ であり，皮相電力は $\sqrt{8\,400^2 + 7\,467^2} = 11\,239\,\text{kVA}$ となり，このままでは変圧器は過負荷となる。

変圧器を通る有効電力を一定のまま皮相電力を 10 000 kVA に抑えるためには，負荷とコンデンサの合成の無効電力を $\sqrt{10\,000^2 - 8\,400^2} = 5\,426$ kvar 以下にしなければならない。

したがって並列コンデンサの所要容量は，$Q_c = 7\,467 - 5\,426 = 2\,041$ kvar である。

【4】 電圧降下および電力損失は，それぞれ電線1条当たりについて計算して比較する。送電線から距離 t の点の電流を i とする。

電圧降下：

集中負荷：$\varepsilon_c = (R \cos\phi + X \sin\phi) I = SI$

平等分散負荷：

$$\varepsilon_d = \int_0^s i\,ds = \int_0^R i \cos\phi\,dr + \int_0^X i \sin\phi\,dx$$

$$= \int_0^L \left\{ I\left(1 - \frac{t}{L}\right)\right\}\left(\frac{R}{L}\cos\phi + \frac{X}{L}\sin\phi\right)dt$$

$$= \frac{SI}{2}$$

したがって，平等分散負荷の電圧降下は，集中負荷の 50 % である。

電力損失：

集中負荷：$P_{lc} = R I^2$

平等分散負荷：$P_{ld} = \int_0^R i^2\,dr = \int_0^L \left\{ I\left(1 - \frac{t}{L}\right)^2 \frac{R}{L}\right\}dt = \frac{RI^2}{3}$

したがって，平等分散負荷の電力損失は，集中負荷の 33.3 % である。

第 14 章

【1】 合成負荷は**解図 14.1** のように表され，その合成最大需要電力は 12 〜 18 時の 50 kW である。

不等率＝（個々の負荷群の最大需要電力の和）/（合成最大需要電力）

　　　＝60/50＝1.20。

負荷の平均電力＝（1日の全電力量）/24＝32.5 kW

フィーダの負荷率＝平均電力/最大合成電力×100＝32.5/50×100＝65 %

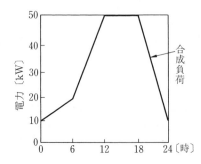

解図 14.1　合成負荷曲線

索　　引

―― 著 者 略 歴 ――

小山　茂夫（こやま　しげお）
1965 年　日本大学理工学部電気工学科卒業
1965 年　通商産業省工業技術院
〜91 年　電子技術総合研究所勤務
1978 年　工学博士（日本大学）
1991 年　日本大学教授
2004 年　日本大学退職

木方　靖二（きほう　せいじ）
1960 年　日本大学大学院工学研究科修士課程修了
　　　　　（電気工学専攻）
1994 年　博士（工学）（日本大学）
1994 年　日本大学助教授
1998 年　日本大学教授
2003 年　日本大学退職

鈴木　勝行（すずき　かつゆき）
1972 年　日本大学大学院理工学研究科修士課程
　　　　　修了（電気工学専攻）
1994 年　博士（工学）（日本大学）
1996 年　日本大学助教授
2005 年　日本大学教授
2014 年　日本大学退職
2017 年　逝去

塩野　光弘（しおの　みつひろ）
1988 年　日本大学大学院理工学研究科博士前期
　　　　　課程修了（電気工学専攻）
2003 年　博士（工学）（日本大学）
2007 年　日本大学准教授
2012 年　日本大学教授
　　　　　現在に至る

送配電工学（改訂版）
Electric Power Transmission and Distribution Engineering (Revised Edition)
© Koyama, Kiho, Suzuki, Shiono 1999, 2020

1999 年 6 月 30 日　初版第 1 刷発行
2020 年 2 月 28 日　初版第 10 刷発行（改訂版）

検印省略

著　者　小　山　茂　夫
　　　　木　方　靖　二
　　　　鈴　木　勝　行
　　　　塩　野　光　弘
発 行 者　株式会社　コ ロ ナ 社
　　　　代 表 者　牛来真也
印 刷 所　壮光舎印刷株式会社
製 本 所　株式会社　グ リ ー ン

112-0011　東京都文京区千石4-46-10
発行所　株式会社 コ ロ ナ 社
CORONA PUBLISHING CO., LTD.
Tokyo Japan
振替00140-8-14844・電話(03)3941-3131(代)
ホームページ　https://www.coronasha.co.jp

ISBN 978-4-339-00931-6　C3054　Printed in Japan　　　　（森岡）